张志伟

百科阅读

青少年着迷的

超级武器

山西出版传媒集团

山西经济出版社

图书在版编目（CIP）数据

青少年着迷的超级武器 / 张志伟著 . -- 太原：
山西经济出版社, 2019.1（2025.5重印）
（新时代百科阅读）
ISBN 978-7-5577-0434-6

Ⅰ . ①青… Ⅱ . ①张… Ⅲ . ①武器－青少年读物
Ⅳ . ① E92-49

中国版本图书馆 CIP 数据核字（2018）第 279135 号

青少年着迷的超级武器

QINGSHAONIAN ZHAOMI DE CHAOJI WUQI

著　　者：张志伟
选题策划：吕应征
责任编辑：赵宝亮
装帧设计：蔚蓝风行

出 版 者：山西出版传媒集团·山西经济出版社
地　　址：太原市建设南路 21 号
邮　　编：030012
电　　话：0351-4922133（市场部）
　　　　　0351-4922142（总编室）
E - mail：scb@sxjjcb.com（市场部）
　　　　　zbs@sxjjcb.com（总编室）

经 销 者：山西出版传媒集团·山西经济出版社
承 印 者：河北晔盛亚印刷有限公司

开　　本：787mm×1092mm　　1/16
印　　张：10
字　　数：80 千字
版　　次：2019 年 1 月　　第 1 版
印　　次：2025 年 5 月　　第 4 次印刷
书　　号：ISBN 978-7-5577-0434-6
定　　价：49.00 元

前言

　　战争可以影响一个国家的兴亡，取得最后胜利是每个参战国家的最大目标。而集人类智慧于一体的武器则是战争舞台上的主角，它们无论是进攻还是防御都尽情展示着自己巨大的威力，令世人震撼。

　　进入 20 世纪，随着科学技术的飞速发展，先进雷达设备、通信设备、制导设备的大量应运，使各种武器成为战场上的"千里眼""顺风耳"及"多面手"。因此，有人说 20 世纪就是武器技术大革命的一个世纪。

　　武器在和平年代里似乎失去了昔日的辉煌，但却给人类带来了更多的神秘感。精致的手枪、笨重的坦克、威猛的火炮、灵活的军用飞机、多功能的舰艇等，都是我们渴望了解的。

　　本书荟萃了多种知名武器，分别介绍了它们的独特性能及制造、使用中发生的有趣故事。简洁生动的文字配以精美、翔实的图片，将带领小读者进入一个五彩缤纷的武器世界。

目 录 *Contents*

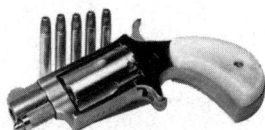

手　枪

　　手枪是我们最常见的武器，它是一种尺寸小、重量轻、便于携带或藏匿的小型枪械。手枪自诞生以来，生产数量、款式和品种都是所有枪械中最多的。现代手枪主要有左轮手枪、自动手枪、全自动手枪三种类型。

现代手枪的标志——自动手枪

自动手枪是指在射击过程中能自动完成开锁、抽壳、抛壳、待击、再装填、闭锁等动作的半自动手枪。人们一般都习惯将半自动手枪称为自动手枪，它是现代手枪的标志。

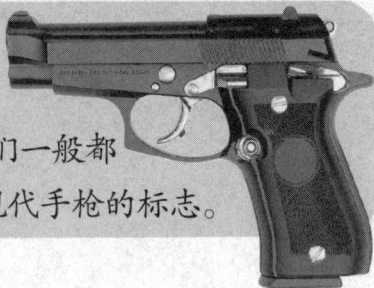

✈ 自动手枪第一人 ▶▶▶

奥地利人约瑟夫·劳曼是新手枪发明的第一人，他于1892年发明了世界上第一支自动手枪，并在法国和英国获得发明专利。自动手枪的问世，为新手枪的出现带来了一丝曙光。

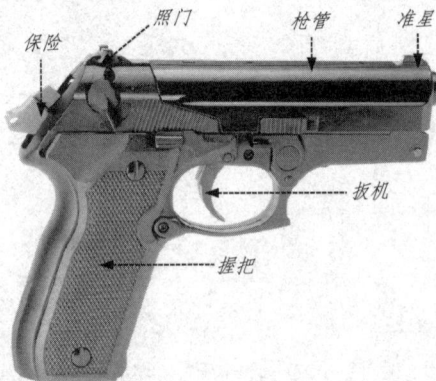

保险　照门　枪管　准星

扳机

握把

✈ 第一支军用自动手枪 ▶▶▶

世界上第一支真正的军用自动手枪是7.65毫米毛瑟自动手枪，它是费德勒三兄弟于1895年发明的，被命名为C96式毛瑟手枪。

✈ 自动手枪的特点 ▶▶▶

自动手枪应用新技术后，得到了巨大的成功。现代手枪的基本特点是：变换保险、枪弹上膛、更换弹匣方便、结构紧凑、自动方式简单等。

QSZ92 自动手枪

我国从 1994 年开始研制 QSZ92 自动手枪。该枪采用了多重保险机制，能够适应各种恶劣的气候和温度条件，对目标的伤害力极强。

QSZ92 自动手枪

知识小笔记

我国抗日战争中曾广泛使用的"驳壳枪"和"20响"，就是毛瑟式自动手枪。

第一支实用的自动手枪

1893 年，美籍德国人雨果·博查特发明了世界上第一支实用的自动手枪。博查特手枪采用枪管短后坐式的自动原理，肘节式闭锁机构，弹匣供弹，弹匣装在手枪握把里。该枪开锁、抛壳、待击、再装填、闭锁等动作均可由枪机的后坐和复进来完成。

手枪

"常青树"——M1911A1

自动手枪 M1911A1 是世界上最著名的手枪之一，也是世界上装备时间最长、装备量最大的手枪，被许多国家军队采用。它的设计者是大名鼎鼎的美国著名枪械设计师勃朗宁。该枪在美国军队中服役已有70多年，被称为手枪中的"常青树"。

战争的洗礼

柯尔特 M1911A1 自装备部队以来，跟随美军经历了无数次战役，几乎见证了美国的每一个战争历程，经受过各种考验。

1985 年，美国政府宣布 M1911A1 光荣退役，它的地位被 9 毫米 92F 伯莱塔手枪取代。

柯尔特 M1911A1 的分解图

军用手枪之王

第二次世界大战结束后，美国陆军曾对德国的"沃尔特"、日本的"14式"、美国的"柯尔特45式"和 M1911A1 等多种手枪进行综合性能的评比。最终，M1911A1 手枪以满分独占鳌头。

绝无仅有的枪种

据统计，截至 1945 年第二次世界大战结束，美军已经购买了 270 多万支 M1911A1 自动手枪，它的派生产品有 100 多种，这在枪械发展史上是绝无仅有的。

M1911A1 手枪在战场上发挥着以一敌百的作用

不老的传奇

有关 M1911A1 自动手枪的故事很多。其中最为传奇的是，1918 年 10 月 8 日，一个名叫阿尔文·约克的美国士兵在用一支步枪射杀了德军的一个机枪组后，仅用一支 M1911A1 手枪，就使 132 名德国士兵投降。

知识小笔记

武器小档案

类　　型	自动手枪
生产厂商	美国柯尔特公司
枪　　长	216 毫米
枪　　重	1.1 千克
口　　径	11.43 毫米
发射方式	单发
弹匣容量	7 发
有效射程	50 米

光荣退役

1985 年，美国政府宣布 M1911A1 光荣退役，它的地位被 9 毫米 92F 伯莱塔手枪取代，并将这种新式手枪命名为 M9。

手枪

美军新宠——"伯莱塔"92F

能够取代 M1911A1 而成为美军现役的制式手枪，足以说明伯莱塔 92F 式自动手枪的性能优良。它是在伯莱塔 92 式系列手枪的基础上研制而成，被美军采用后命名为 M9 式手枪。

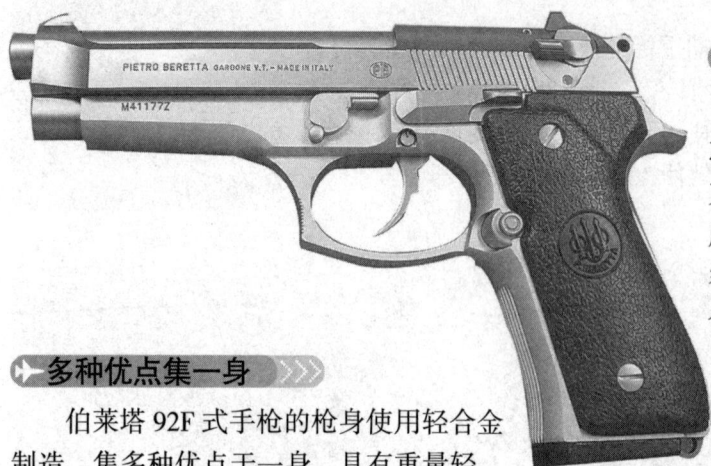

标志的意义

伯莱塔公司的标志由一个圆环内的 3 支箭组成，这 3 支箭所代表的意思分别是：容易瞄准、弹道平直、命中目标。

多种优点集一身

伯莱塔 92F 式手枪的枪身使用轻合金制造，集多种优点于一身，具有重量轻、射击精度高、故障率低、适应性强、耐腐蚀等特点。

伯莱塔公司的标志

防患未然

伯莱塔 92F 装备初期，手枪的套筒与闭锁卡铁连接的位置容易断裂，发生过 3 起断掉的半个套筒向后飞出打伤射手的事故。后来 92F 所有的部件都使用最好的钢材制造，从此再也没有发生过套筒断裂的事故。

威力巨大的子弹 >>>

伯莱塔 92F 式手枪使用 9 毫米的帕拉贝伦手枪弹，美军定型为 M882 型子弹，它全重 12.2 克，弹头重 7.4 克。该子弹威力巨大，可使人中弹后较快地失去抵抗能力。由于性能优良，伯莱塔 92F 式手枪深受美军的青睐。据说在海湾战争中，美军尉官以上军官，甚至包括总司令，腰间别的都是这种手枪。

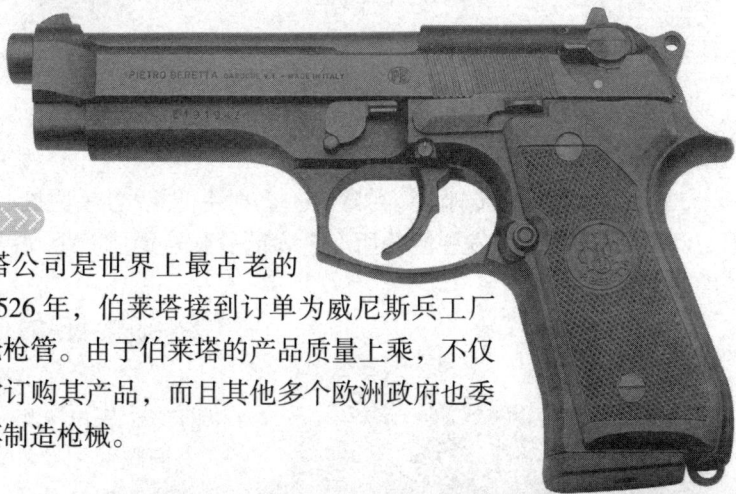

伯莱塔公司 >>>

意大利伯莱塔公司是世界上最古老的枪械公司之一。1526 年，伯莱塔接到订单为威尼斯兵工厂生产 185 套火绳枪枪管。由于伯莱塔的产品质量上乘，不仅威尼斯共和国经常订购其产品，而且其他多个欧洲政府也委托伯莱塔家族为其制造枪械。

note 知识小笔记

武器小档案

类　型	自动手枪
生产厂商	意大利伯莱塔（皮埃特罗）公司
枪　长	217 毫米
枪　重	0.96 千克
口　径	15 毫米
弹匣容量	9 发
有效射程	50 米

手枪

一发制敌——"沙漠之鹰"

"沙漠之鹰"手枪是一种进攻型手枪，可直接更换4种不同的枪管。这种手枪是专门为在近战中能一发制敌而研制的，它发射的12.7毫米子弹射入人体后能将巨大的动能传递给肌肉和其他器官，造成严重伤害。

IMI 公司的标志

准确度高

"沙漠之鹰"手枪试验时，曾经有一名射手使用"沙漠之鹰"在15米的距离外，用20秒射完了一个8发弹匣。所有子弹的着弹点形成一个50毫米的弹孔，可见其准确度之高。

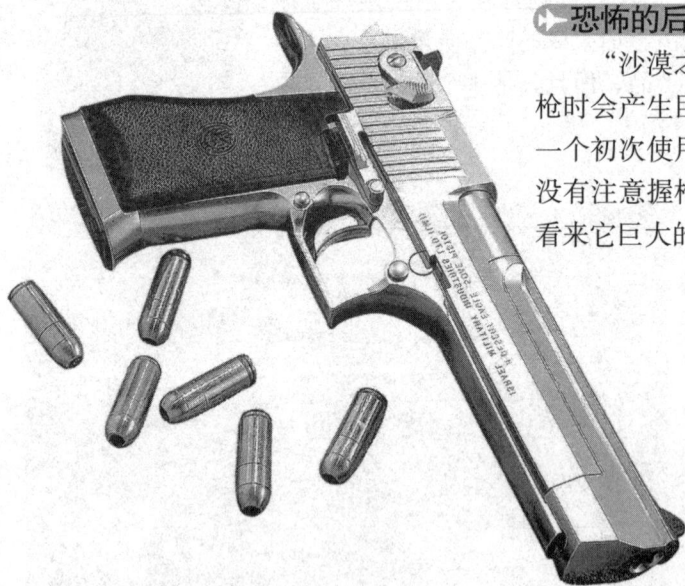

恐怖的后坐力

"沙漠之鹰"有一个缺点就是开枪时会产生巨大的后坐力。有一次，一个初次使用"沙漠之鹰"的人因为没有注意握枪动作而使右手腕骨折。看来它巨大的后坐力的确不容忽视。

note 知识小笔记

武器小档案

类　　型：	自动手枪
生产厂商：	以色列军事工业公司
枪　　长：	260 毫米
口　　径：	9.1 毫米
发射方式：	单发
弹匣容量：	9 发

✈与众不同 »»»

"沙漠之鹰"与其他自动手枪不同，它采用导气式开锁原理和枪机回转式闭锁。这是因为它发射的马格南左轮手枪弹的威力太大，一般自动手枪用的刚性闭锁原理根本无法承受。

@ DESERT EAGLE PISTOL
MAGNUM RESEARCH INC. MINNEAPOLIS MN

✈手枪中的"袖珍炮" »»»

"沙漠之鹰"手枪原作为运动手枪使用，但由于其威力强大，很快转到了军警人员手中，获得"袖珍炮"的雅号。据说加长枪管后用于狩猎的"沙漠之鹰"，射程达 200 米，可轻易地把一头麋鹿击倒。

✈强强联手 »»»

以色列马格南研究公司于 1981 年完成了"沙漠之鹰"的第一把原型枪，并于 1982 年公布，引起了社会的广泛关注。后来，马格南研究公司与以色列军事工业公司合作生产这种手枪。"沙漠之鹰"于 1985 年正式出现在美国手枪市场。

阿诺德四施瓦辛格在电影《最后的动作英雄》中，使用的就是"沙漠之鹰"手枪。

手枪

魅力四射——CZ 75 型手枪

捷克和斯洛伐克曾经是一个国家，"CZ"公司是当年捷克斯洛伐克最有名的枪械企业。该公司研制的枪支都印有该厂名的缩写 CZ 字样，这个品牌在国际武器市场上与当时苏联的 AK、比利时的 FN、美国的柯尔特一样具有很好的声誉。

知识小笔记

武器小档案

类　　型：自动手枪
生产厂商：捷克斯洛伐克塞司卡·玻耳约佛卡兵工厂
枪　　长：206 毫米
枪　　重：0.98 千克
口　　径：9 毫米
发射方式：单发
弹匣容量：15 发
有效射程：50 米

✈ 平稳射击 >>>

　　CZ 75 手枪是由约瑟夫与法兰提司克·库斯基两位设计师合作而成。它的滑套与枪身结合滑动导槽较长，且导槽为连续无间断，射击时，较长的导槽能使滑套运行顺畅。因此 CZ 75 在射击时，枪身的平衡感与稳定性都很好。

✈ 使用简便 ▷▷▷

CZ 75 手枪的握把设计以人体工程学为基础，发射机构采用双动原理，使用简便快捷。此外，该枪能够发射多种型号的枪弹，简化了后勤保障及武器对枪弹口径的依赖性。

✈ 魅力难挡 ▷▷▷

CZ 75 手枪推出后，因其射击的稳定性好、保养简易及价格低廉，所以在欧洲的销售状况非常好。但美国却明令禁止进口 CZ 75 手枪，后来美国有 4 家枪厂仿造 CZ 75 手枪。之后，意大利、瑞士也相继开始仿造，这足以说明该枪的魅力。

✈ CZ 85 "战斗" ▷▷▷

CZ 85 手枪是 CZ75 手枪的改良型，两者的重量相同。CZ 85 的部件比 CZ 75 多，使用起来更安全。另外，CZ 85 手枪的滑套顶缘刻有棱纹，能增加滑套的强固性。

CZ 75 型手枪

CZ 85 型手枪

手枪

中国的"盒子炮"——毛瑟手枪

毛瑟手枪是德国毛瑟兵工厂制造的一种手枪，由德国费德勒兄弟研制，它是世界上最早出现的自动手枪之一。毛瑟手枪也就是中国人俗称的"盒子炮"，我国老一辈军人每每谈及毛瑟手枪都津津乐道，赞叹有加。

✈ 兄弟三人的发明 >>>

1871 年，在毛瑟兵工厂工作的费德勒兄弟三人，瞒着毛瑟兄弟开始研制击发式自动手枪。毛瑟兄弟起初并不支持他们，直到他们制造出样枪，毛瑟兄弟才转变了态度。在毛瑟兄弟的组织下，这种枪得以投入生产，毛瑟手枪终于问世。

毛瑟 1934

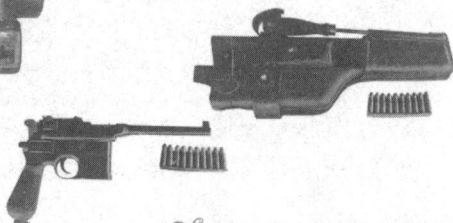

✈ 中国人的毛瑟情结 >>>

中国人非常喜爱毛瑟手枪。在战争年代，谁要是背挂一支木盒托的毛瑟"盒子炮"，必定非常惹人注目，因为毛瑟"盒子炮"是一种信得过的随身武器，在战斗中使用非常成功。

note 知识小笔记

武器小档案

类　　型：	毛瑟 M1932 自动手枪
生产厂商：	德国毛瑟兵工厂
枪　　长：	288 毫米
枪　　重：	1.24 千克
口　　径：	7.63 毫米
弹匣容量：	10/20 发

毛瑟 M1932

枪中精品

毛瑟 M1932 冲锋手枪操作灵活，性能优良，杀伤力很大，是毛瑟家族中一件极为精美的艺术品。《铁道游击队》里形容说："掏出盒子炮来就是一梭子。"

遍地开花

从清末革命党各次起义，到民国初年军阀混战、北伐战争、中原大战、抗日战争，每一个战场都能看到双方装备的大量的毛瑟手枪。1926 年，支持国民党政府的军队和晋军激战晋北，著名的倒戈将军石友三曾一次集中 3000 人的敢死队冲锋，每名队员身背一把西北大刀，腰挎一支盒子炮，可见其部队装备该枪数量之多。

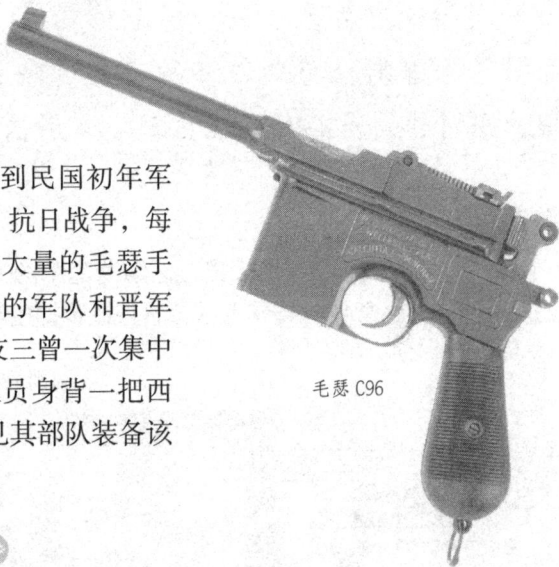
毛瑟 C96

真正的军用自动手枪

C96 式毛瑟手枪申请专利后，投入大批量生产，命名为 M1896 式毛瑟手枪。这是世界上第一种真正的军用自动手枪，对手枪的发展产生了重要影响。在战争结束前，毛瑟兵工厂交付了 137000 支给德国陆军，这是德国陆军正式装备此枪的唯一记录。另外中华民国陆军于抗日战争时期亦曾经大量使用此枪。

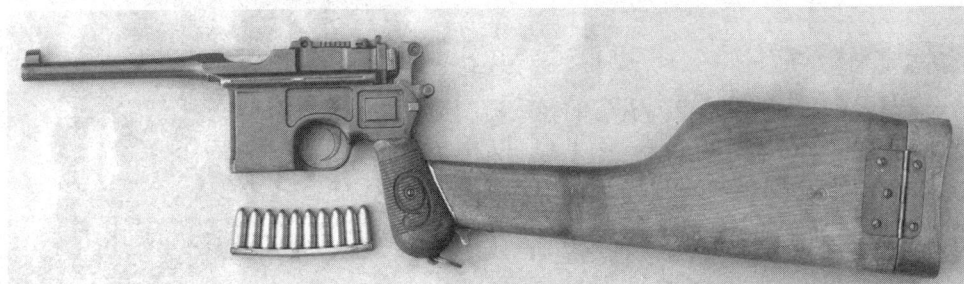

手枪

庞大的家族——陶鲁斯手枪

意大利伯莱塔公司于1974年获得了巴西政府的大量订单，为巴西军方和政府生产手枪。后来，伯莱塔将工厂卖给了陶鲁斯。与伯莱塔的交易使陶鲁斯走了捷径，短时间内它的产品目录上出现了多种自动手枪。

陶鲁斯945

新款式

陶鲁斯PT945于1995年推出，它与9毫米的PT908和PT940构成一族。陶鲁斯试图通过这一族产品向外界表示：它将逐步摆脱与伯莱塔不分彼此的设计款式。

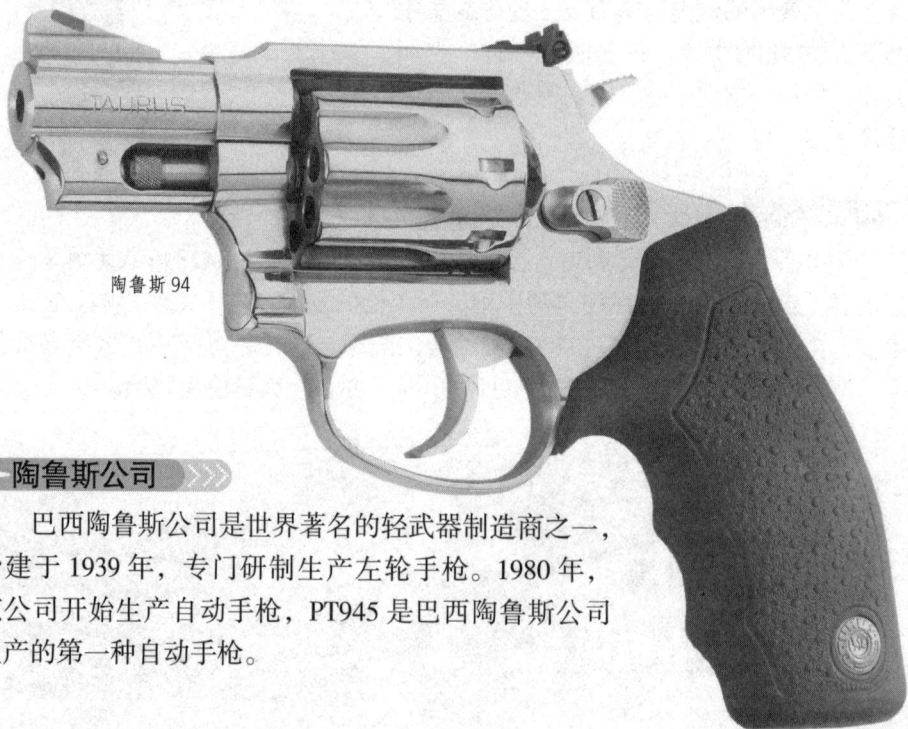

陶鲁斯94

陶鲁斯公司

巴西陶鲁斯公司是世界著名的轻武器制造商之一，始建于1939年，专门研制生产左轮手枪。1980年，该公司开始生产自动手枪，PT945是巴西陶鲁斯公司生产的第一种自动手枪。

✈ 陶鲁斯家族成员

陶鲁斯手枪家族的成员包括 PT22、PT25、PT58、M63、M62、B5、94、941 及标准尺寸的王牌 PT192 等。

陶鲁斯 25

陶鲁斯 B5

陶鲁斯 22

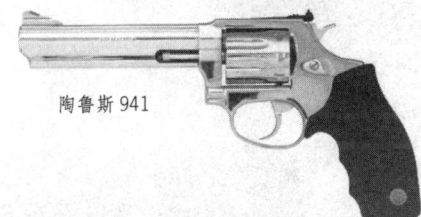

陶鲁斯 941

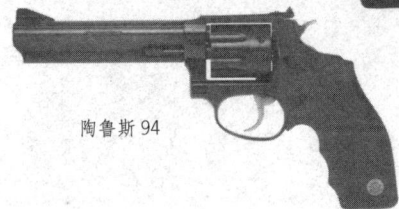

陶鲁斯 94

✈ 一举成名

1982 年，陶鲁斯在美国迈阿密建立了子公司——陶鲁斯国际制造公司。为了提高知名度，陶鲁斯做出了一个颇有冒险性的举动：宣布为客户提供全寿命期保修政策。这项政策对整个枪械行业和市场产生了巨大冲击，陶鲁斯由此广为人知。

note 知识小笔记

武器小档案

类　　型：	陶鲁斯 PT945 自动手枪
生产厂商：	巴西陶鲁斯公司
枪　　长：	189 毫米
枪管长：	108 毫米
枪　　重：	0.85 千克

✈ 家族的骄傲

陶鲁斯 PT24/7 手枪全枪长 181 毫米，作为战斗手枪，其尺寸大小堪称完美。PT24/7 手枪作为陶鲁斯公司的最新力作，设计优秀，加工精良，性能可靠，是陶鲁斯家族中一位值得骄傲的新成员。

手枪

反恐武器——海克勒－寇奇手枪

海克勒－寇奇公司研制的所有手枪都采用不同的闭锁机构，各枪型间的设计完全没有连贯性，它的发展史充满试验性。1979 年，海克勒－寇奇公司应警方反恐怖分子的需求研制出了 P7 手枪。

海克勒-寇奇公司的标志

P9 警用自动手枪 >>>

P9 手枪是海克勒－寇奇公司为德国警察研制的一种手枪，于 1972 年开始装备警察部队，主要型号为 9 毫米手枪弹。P9 手枪的一个最大特点是采用海克勒－寇奇公司步枪传统的滚柱式闭锁装置。

并非运动手枪 >>>

P9S 是 P9 手枪的一种改进型，命中准确度相当高。P9S 中的"S"很容易令人想到"Sport"（运动），但它并不是专用的运动手枪。其实，"S"代表德语"Spannabzug"，中文意思为"双动扳机"。

知识小笔记

武器小档案

类　　型：	海克勒 – 寇奇 P9 自动手枪
生产厂商：	美国海克勒 – 寇奇公司
枪　　长：	192 毫米
枪 管 长：	102 毫米
枪　　重：	880 克
口　　径：	9 毫米
弹匣容量：	9 发

P7 手枪 >>>

P7 手枪利用发射药产生的高压瓦斯来驱动枪机闭锁，所以它的长度比采用传统闭锁原理的手枪短 3 厘米，而且结构十分整齐。此外，P7 手枪采用了一套独特的保险机构，安全性非常高。P7 系列手枪不仅在德国警察、军队中服役相当长的时间，至今也有英国的 SAS 特别空勤团、美国三角洲特种部队、美国中情局等众多著名部队和机构在使用。

手枪

步 枪

步枪既是步兵使用的基本武器，也是杀伤单个目标的有效武器。它的有效射程为300~400米，通常在200米以内射击效果最好。步枪按照用途可以分为民用步枪、军用步枪、警用步枪、突击步枪、骑枪和狙击步枪。

东方之王——AK-47步枪

苏联著名枪械大师卡拉什尼科夫设计的AK-47突击步枪是20世纪人类武装力量的象征之一，被誉为步枪中的王者。AK-47因性能可靠、使用方便、价格低廉而风靡世界，它对轻武器发展史乃至整个人类的历史，都产生了深远的影响。

✈ 适应性强 ▶▶▶

　　AK-47最大的特点是能适应非常恶劣的环境，尤其适应风沙泥水的环境。一位英军将领曾这样训导将要上前线的士兵：当你手中的武器出毛病时，最要紧的是扔掉它，并赶快找到一把AK-47！

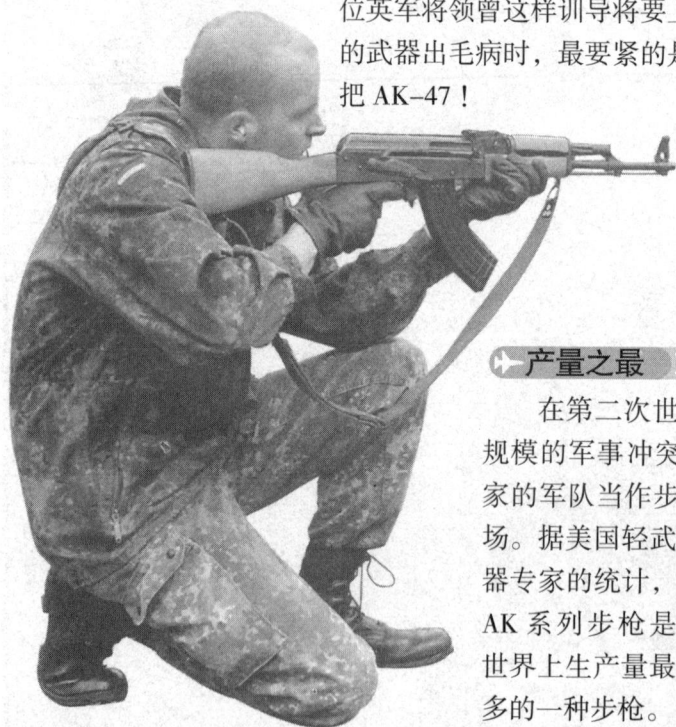

✈ 产量之最 ▶▶▶

　　在第二次世界大战后的一些中、小规模的军事冲突中，AK-47曾被不少国家的军队当作步兵的主战武器而驰骋战场。据美国轻武器专家的统计，AK系列步枪是世界上生产量最多的一种步枪。

✈ 品牌的威力 》》》

有位轻武器专家说了这么一句俏皮话："美国出口的是可口可乐，日本出口的是索尼，而苏联出口的是卡拉什尼科夫。"由此可见，AK 步枪对世界的影响有多么大。

✈ 名字＝财产 》》》

卡拉什尼科夫

2002 年，84 岁的卡拉什尼科夫与一家德国公司签署了一份商业合同，授权这家公司使用"卡拉什尼科夫"作为商标。据说当时俄罗斯有关部门专门开会研究，确定"卡拉什尼科夫"这个名字是个人财产还是国家资产。

note 知识小笔记

武器小档案

类　　型：	步枪
生产厂商：	苏联伊热夫斯克机械设计局
枪　　长：	870 毫米
枪　　重：	4.3 千克
口　　径：	7.62 毫米
发射方式：	单发／连发
弹匣容量：	30 发
有效射程：	300 米
初　　速：	700 米／秒

✈ 果断的抉择 》》》

一支美军巡逻小队遭到了袭击，躲到墙后的士兵贝利发现身后的水渠中有一支 AK-47 和一支 M14，他毫不犹豫地拿起 AK-47 还击。事后，他坦率地说："如果要在水沟中选择一把浸泡过的步枪，我只会选择 AK-47。"

步枪

美国的骄傲——M1加兰德步枪

美国的M1加兰德步枪是大批量生产和使用的第一种自动装填步枪。该枪在第二次世界大战中大量成功使用，使美国人感到无比自豪。M1加兰德步枪在美军中装备了21年，直到1957年才被替换。

✈ 了不起的战斗利器 》》》

M1加兰德步枪的问世，标志着枪机手动式步枪时代的结束，自动步枪时代的到来。第二次世界大战临近结束时，美军著名将军巴顿说："M1步枪是曾经出现过的发明中最了不起的战斗利器。"

✈ 数量巨大 》》》

第二次世界大战期间共交付美军400万支M1步枪。朝鲜战争爆发后，又生产了143万支。截至1957年，全世界共生产M1步枪约1000万支。

note 知识小笔记

武器小档案

类　　型：	步枪
生产厂商：	美国春田兵工厂
枪　　长：	1106毫米
枪　　重：	4.3千克
口　　径：	7.62毫米
发射方式：	单发
弹匣容量：	8发
有效射程：	600米

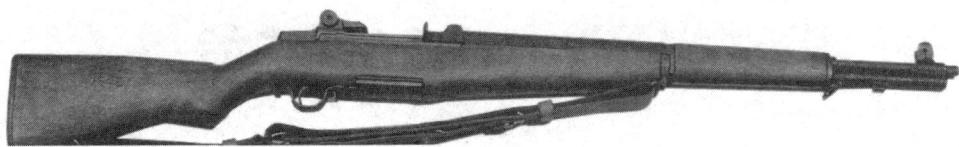

天才枪械设计师 >>>

约翰·C. 加兰德 1919—1953 年在美国春田兵工厂从事武器研究和设计工作，其间他先后设计发明了 54 种步枪。他是一位天才枪械设计师，一生获得多项与 M1 和 M14 步枪有关的专利。

里程碑之作 >>>

M1 加兰德被认为是第二次世界大战中性能最佳的步枪。各种史书和权威杂志对它的评价都很高，《简氏步兵武器年鉴》认为："M1 加兰德步枪的研制成功是 20 世纪轻武器发展史上的重要里程碑之一"。

加兰德与他设计的步枪

先见之明 >>>

约翰·C. 加兰德是个有心人。当他受命研发 7 毫米半自动步枪时，秘密地制造了一支 7.62 毫米口径的样枪。由于加兰德的杰出创造和先见之明，使美国陆军在轻武器发展史上，第一次处于领先地位。

1945 年，美国陆军装备的 M1 加兰德步枪。

步枪

开创先河——M16 步枪

M16 是开创小口径化先河的步枪，由洛克希德飞机公司的工程师斯通纳设计，于20世纪60年代开始装备美军，已经历了40多年。在这期间，无论人们对它如何褒贬，仍然经久不衰。

M16A2
M16A3
M16A4

长期使用

除军队外，M16系列步枪也被许多警察战术分队所采用。在它之后的相当长一段时间，人们没有发现任何一种更适合的步枪能全面取代M16系列。据说美军早已决定将M16系列步枪至少使用到2010年。

灵感来源于积木

一天，斯通纳到幼儿园接孩子，他看到孩子们将积木堆积成各种造型。同样的小方木，却可以在孩子们手里变化无穷，他深受启发。经过几年的努力，斯通纳终于在1963年试制成功了这种积木式枪，被称为"斯通纳枪族"。

1990年，世界两大枪王卡拉什尼科夫和斯通纳在美国会面。

24

手持 M16 的美国陆军士兵

✈ 战斗利器 ⟫⟫⟫

小口径的 M16 步枪从越南战争的烽火中起步，经历了美军入侵格林纳达和巴拿马的行动以及海湾战争等。可以说，M16 步枪是 20 世纪 60 年代以来，美军士兵每一次军事行动必备的战斗利器。

✈ 从越南战场起步 ⟫⟫⟫

虽然美军在越南战场失利，但 M16 却是在越南战场崭露头角，仅柯尔特公司在这段时间内就生产了 350 万支 M16。1974 年，美国陆军采购了 270 万支 M16。

note 知识小笔记

武器小档案

类　　型：	步枪
生产厂商：	美国柯尔特公司
枪　　长：	1 000 毫米
枪　　重：	3.4 千克
口　　径：	5.56 毫米
发射方式：	单发 / 连发
弹匣容量：	20/30 发
有效射程：	400 米

✈ 钟情 M16A1 ⟫⟫⟫

斯通纳一直对 M16A1 情有独钟，所以对于 M16A2 的改进一直耿耿于怀。他曾经说，在 M16A2 的改进过程中，从来没有征求过他的意见，改完后才让他看。他还形容 M16A2 除了护木以外，其他改动没有任何价值。

步枪

美国新力作——XM8 步枪

美国武器在和平时期的发展不再领先于世界其他国家，美国人决心研制优秀的单兵武器，XM8 就是在这样的背景下研制成功的。XM8 将取代从越南战争时期开始装备部队至今的 M16 系列步枪。

XM29

XM29 是为"陆地勇士"开发的单兵战斗武器，也是陆军的"未来战斗系统"计划的一个重要组成部分。XM29 系统被分成 2 个子系统分别研制，一个是 XM8 轻型突击步枪，另一个是 XM25 自动榴弹发射器。

美观实用

XM8 虽然很轻，但却非常坚固耐用，服役寿命很长。它是由高强度的聚合物材料制成的，不仅坚固，而且可以生产成不同的颜色，有适用于丛林环境的绿色、沙漠环境的黄褐色和城市环境的亚黑色等。

✈ 短周期研制成果 ▷▷▷

2002 年 10 月，美国国防部与 ATK 和 HK 防务公司签订了一项 500 万美元的研制合同，由 HK 防务公司负责研制 XM8 轻型突击步枪，所限定的开发周期非常短，仅有 3 年时间。

✈ 改装变型 ▷▷▷

XM8 突击步枪生产了 4 种变型，可相互转换。在战场上，使用者可以根据需要在几分钟内变换枪管和其他组件，由一种变型改装成另一种变型。

✈ 灵活射击 ▷▷▷

XM8 使用北约标准的 5.56 毫米子弹，配备 30 发 G36 标准弹匣或 100 发塑料弹匣，可以用最少的润滑油和清洗需求发射 1.5~2 万发子弹。士兵可以根据偏好或战场形势，灵活使用左手或右手射击。

note 知识小笔记

武器小档案

类　　型：	步枪
生产厂商：	美国皮卡汀尼兵工厂
枪　　长：	845.8 毫米
枪 管 长：	317.5 毫米
空 枪 重：	2.9 千克
发射方式：	单发 / 连发
弹匣容量：	10/30/100 发
初　　速：	916 米 / 秒

步枪

"魔方步枪" ——AUG 步枪

AUG 步枪自 1970 年问世以来备受推崇，并凭借先进的技术跻身于世界著名步枪前列，有十几个国家选用它作为制式武器。AUG 具有外观新颖、结构紧凑、操作简单、射击平稳、精度较好、携带方便等优点。

✈ 特别创意 >>>

AUG 采用了较多的塑料机件，不仅加工容易，不生锈，而且强度特别好。此外，它的后部宽大，既可容纳机件和保养附件，也能放置士兵的日常生活用品。士兵们都很喜欢这个特别创意。

note 知识小笔记

武器小档案

类　型：步枪
生产厂商：奥地利斯泰尔公司
枪　长：790 毫米
枪　重：3.6 千克
口　径：5.56 毫米
发射方式：单发 / 连发
弹匣容量：30/42 发

✈ "魔方步枪" ››››

AUG果酱色的外观透出一种柔美，这或许会让人忽视它的刚烈。女兵们喜欢使用它，是因为它很轻，射击时感觉非常舒服，而且能很快掌握射击要领。男兵们更喜欢它，称它为"魔方步枪"。

✈ 美中不足 ››››

AUG是一种结构紧凑、携带方便的步枪，它被沙特、阿曼军队用于1991年的海湾战争，经受了实战的考验。但美中不足的是，AUG单发后可能造成弹丸偏离目标，而且在风沙、严寒等恶劣环境中，更容易发生故障。

✈ AUG-A1 ››››

AUG-A1是AUG的标准型，枪管长508毫米，它是奥地利陆军及其他装备AUG国家的大多数士兵所配备的步枪。

✈ AUG-A2 ››››

改进型AUG-A2保持了AUG的主要优点，突出的改进是机匣和瞄具可分离，机匣左侧增加了可折叠的滑板，以减少枪落地摔裂的危险。

AUG采用较多的耐冲击塑料件，不仅加工容易，不生锈，而且强度特别好。如双排压弹的塑料弹匣强度惊人，用两吨重卡车来回碾压，它也不会破碎。

步枪

精确射击——M40 狙击步枪

M40 是一种射击很精确的武器，美国人认为它是现代狙击步枪的先驱，在 1966 年越南战争中开始装备美国海军陆战队。M40 有 3 种改进型，分别是 1977 年的 M40A1、1980 年的 M40A2 及 2001 年的 M40A3。

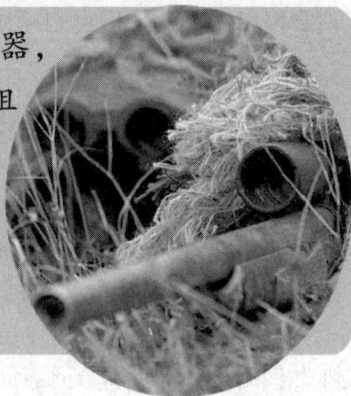

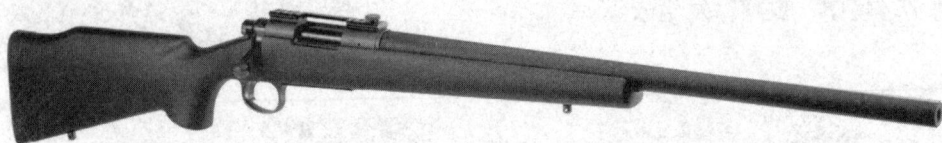

"最佳狙击步枪"

M40 步枪的狙击记录使海军陆战队的步枪手名声大噪，一部分狙击手认为 M40 是"最佳狙击步枪"，只要使用相匹配的弹药，M40 步枪就能完全胜任各种艰巨的任务。

note 知识小笔记

武器小档案

类　　型：	步枪
生产国：	美国
枪　　长：	1124 毫米
枪管长：	610 毫米
枪　　重：	5.44 千克
口　　径：	7.62 毫米
发射方式：	单发、连发
弹匣容量：	5 发
有效射程：	1370 米

✈ 缺点暴露 ▶▶▶

　　M40 步枪在越南露面不久，缺点就暴露出来。越南气候炎热、湿度高，在这种条件下作战，需要特别注意保护其木质枪托，要经常清理枪管导槽，刮掉膨胀的木质，给枪托灌蜡密封，以减少木质枪托膨胀或收缩。

✈ M40A1 步枪 ▶▶▶

　　M40A1 被称为冷战"绿色枪王"，它是美国海军陆战队于 1977 年对 M40 步枪进行的改进型。M40A1 在原枪机的基础上重新设计了枪管和枪托，枪管换成了不锈钢材料，容易受潮的木质枪托也被玻璃纤维枪托所代替。

✈ M40A3 步枪 ▶▶▶

　　1996 年，美国海军陆战队开始为现役的 527 支 M40A1 寻求替代品，设计新的狙击步枪，这个方案的结果就产生了 M40A3。M40A3 的枪机和枪托都有一定改进，提高了射手射击时的舒适度，并于 2000 年开始在美国海军陆战队服役。

步枪

挑剔的"朋友"——SVD 狙击步枪

SVD 是由德拉贡诺夫设计的狙击步枪。它实际上是 AK-47 突击步枪的放大版本,自动发射原理与 AK-47 系列完全相同,但结构更为简单。SVD 于 1967 年开始装备部队,现仍在俄罗斯、埃及、南斯拉夫、罗马尼亚等国服役。

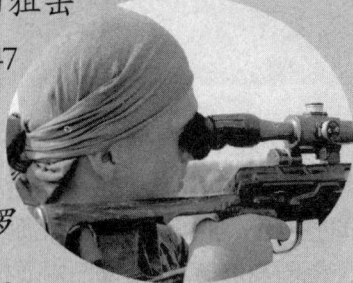

需要专业狙击手

装备 SVD 的士兵需要接受针对该武器的专门训练。在第一次车臣战争中,俄军没有经过专门训练的 SVD 狙击手,于是让特别行动小组的特等射手来使用它们。然而,这些射手在战斗中的表现并不出色。

note 知识小笔记

武器小档案

类　　型:	步枪
生产国:	俄罗斯
枪　　长:	1220 毫米
枪管长:	620 毫米
枪　　重:	4.3 千克
弹匣容量:	10 发
最大射程:	3 800 米
初　　速:	830 米 / 秒
枪口动能:	3 303 焦耳

士兵的朋友

SVD 步枪就像士兵们的朋友，他们小心地"呵护"着这位朋友，经常对它进行保养、清理。SVD 的瞄准具可以快速瞄准射击，或使用机械瞄准具进行近距离射击。

工艺精湛

SVD 的制造工艺比较复杂，重量很轻，但在同级狙击枪中精度相当高。曾经有一名美国陆军狙击手这样说："在今天的术语中，SVD 不算是一种真正意义上的狙击步枪，但它被设计、制造得出奇得好，是一种极好的延伸射程的班组武器。"

德拉贡诺夫

德拉贡诺夫 1920 年出生在伊热夫斯克这个以制造轻武器而著名的城市，他曾在大学学习机械加工技术，并且酷爱射击运动。后来，德拉贡诺夫到武器设计局工作，设计出了著名的 SVD 狙击步枪。

德拉贡诺夫

步枪

火 炮

　　火炮就像一种放大的枪，它以火药为能源发射弹丸，是炮兵装备的重要组成部分，有"战争之神"的美誉。火炮诞生几百年来，统治了整个地面战场，是克敌制胜的重要武器。

"帕拉丁"——M109A6 式自行榴弹炮

"帕拉丁"M109A6 式自行榴弹炮于 1994 年第一次装备部队，现已在美国和以色列陆军中服役。它与 M777 轻型 155 毫米榴弹炮、M270A1 式多管火箭炮和"海马斯"高机动性火箭炮系统一起构成美军主力野战炮兵系统。

✈ 防护能力强 >>>

"帕拉丁"的乘员在执行任务时全部留在车内。车上的核、生、化战争防护系统能为每位乘员提供独立保护，并可通过独立乘员防护系统输送冷热空气来调节舱室温度。炮塔内还安装有弹片抑制衬层，能有效提高炮塔的防护能力。

✈ 技术先进 >>>

"帕拉丁"充分利用了信息化技术，采用先进火力支援指挥与控制系统。炮上的计算机系统不仅可以接收并处理大量外部信息，而且能自动计算出精确的射击参数，并自动选择击毁目标的弹种、用弹量等。

✈ 独立作战 ▶▶▶

"帕拉丁"可在无外部技术协助的情况下独立作战。乘员可通过保密语音和数字通信系统接收任务数据，自动将炮解锁，指向目标并发射，然后移至新位置。

✈ 迅速转移 ▶▶▶

"帕拉丁"装备有车载全球定位导航系统，提高了火炮机动的准确性。它从行军状态到发射完第一发炮弹用时不超过1分钟，然后立即转移到300米外的安全地点继续战斗。

note 知识小笔记

武器小档案

类　型	自行榴弹炮
厂　商	美国联合防务公司
炮　长	9.75米
炮　宽	3.15米
炮　高	3.24米
战斗全重	28.9吨
速　度	64千米/小时
最大行程	343千米
普通弹射程	24千米
增程弹射程	30千米
最大射速	8发/分
持续射速	3发/分
乘　员	4名

火炮

"勇敢的心"——AS90 式自行榴弹炮

英国现役的主力自行火炮 AS90 自行榴弹炮,于 1992 年开始装备部队。在伊拉克战争中,英军部队由于多次得到 AS90 式自行火炮的火力支援,因而加快了进攻速度。英军前线总指挥把 AS90 列为驻伊英军的五大决定性装备之一。AS90 也成为第一种有战争经历的新型自行火炮。

问世背景 >>>

研制 AS90 自行榴弹炮是为了替换"阿伯特"105 毫米榴弹炮和老式的 M109 自行火炮。英国政府在打算和德国、意大利联合研制 SP70 的计划失败之后,决定让英国宇航公司来研制 AS90。

伊拉克战争期间,AS90 式自行榴弹炮在巴士拉附近整装待命。

note 知识小笔记

武器小档案

类　　型:	牵引榴弹炮
生产厂商:	英国宇航公司
战斗全重:	46.3 吨
最大初速:	827 米/秒
最大射速:	6 发/分
持续射速:	2 发/分
最大射程:	32 千米
增程弹射程:	30 千米
最大速度:	55 千米/小时
最大越壕宽:	2.8 米
爬坡度:	31°
炮班人数:	5 名

创造奇迹

AS90的炮塔上部涂有专门的隔热层——能反射太阳光的金属漆，可防止金属发烫。因此，它能在沙漠等极其恶劣的环境下作战。此外，AS90的火炮管身经过精心制造，可以发射超过5000发的炮弹，创造了火炮寿命的奇迹。

大显身手

2003年3月30日，英国军队在围攻伊拉克南部城市巴士拉的军事行动中，使用AS90自行榴弹炮摧毁了21辆伊军坦克和装甲车，而且是在没有空军掩护下直接进行的近距离打击。

英军的M3架桥坦克配合AS90自行榴弹炮渡过幼发拉底河

冲击先锋

20世纪80年代，国际上涌起了大规模研究新型自行火炮的热潮，这使美国自行火炮主宰西方军火市场的状况受到强烈冲击。英国研制的AS90式自行火炮不经意间成为冲击美国自行火炮主宰市场的先锋。

火炮

最轻的火炮——M224 型迫击炮

于 1978 年研制定性的 M224 型迫击炮，是一种 60 毫米口径的轻型迫击炮，1979 年开始装备部队。该炮专供步兵连、空中突击连和空降兵连使用，是目前世界上装备最轻的一种火炮。

✈ 最轻的火炮 》》》

M224 型迫击炮没有炮架，采用小矩形座架，全炮仅重 7.8 千克。虽然 M224 小巧玲珑，但威力绝对不可小觑，其标准射程为 3480 米（手持射击为 1340 米），这已经是便携武器的射程极限。这种轻便的迫击炮不仅可由一个人携带使用，而且还具有两种发射方式。

✈ 精致小炮 》》》

M224 式 60 毫米迫击炮是根据 81 毫米中型迫击炮的战斗经验研制而成的。炮身由高强度合金钢制造，外部刻有螺纹状散热圈，2 人便可携带和操作。同时，该炮还配备激光测距仪和迫击炮计算器，因此具有射程远、精度高的特点。这种迫击炮还自备照明装置，如需在夜间作战，一点也不用担心照明问题。

由于配有 AN/GVS5 激光测距仪，大大提高了命中精度。

深受欢迎

M224 型迫击炮由炮身、炮架、座钣、瞄准具 4 部分组成，它不仅具有炮身轻巧、携带方便、配用弹种多、发射精准等优点，而且十分适合在山地、丛林等复杂的环境中使用，所以深受军队的欢迎。

知识小笔记

武器小档案

类　　型：	迫击炮
生 产 国：	美国
炮　　长：	1.18 米
口　　径：	60 毫米
战斗全重：	20.8 千克
弹　　重：	1.7 千克
最大射程：	3 500 米
最高射速：	30 发 / 分
发射弹种：	高爆弹、照明弹、烟幕弹等

迫击炮趣闻

迫击炮的名称源于两方面：一是操作简便，弹道弯曲，可迫近目标射击，几乎不存在射击死角；二是炮弹从炮口装填后，依靠自身质量下滑而强迫击发，使炮弹发射出去。在第二次世界大战中，迫击炮是最受苏联军队指挥员宠爱的武器。这是因为它们是最容易得到的装备，而且操作简便、价格便宜，容易维护、保养。士兵们只需要花费几分钟的时间就能学会如何使用它们。此外，它们在任何情况下，都能以最快的速度投入战斗，向敌人发射炮弹。

火炮

"火神"——M163式高射炮

"火神"M163式自行高炮(也
译作"伏尔康"自行高炮)
于1968年8月研制成功，并开始装
备美军。该炮主要用于掩护前沿部队，
攻击低空飞机和武装直升机，也可以
用来攻击地面轻型装甲目标。

圆形火控雷达天线位于火炮右侧

6管转管式
身管，通常配
备圆形炮口罩。

152

性能特点

"火神"M163射速高、火力密度大，可形成密集杀伤区域，能攻击多批目标，
还可保证较高的射击精度。同时，该炮射击方式灵活，操作方便，不受电子干扰。
令人遗憾的是，M163的射程较近，威力不足，早期型号不具备全天候的作战能力。

海湾战争中，美军机械化部队和装甲部队装备了这种高炮，主要用于掩护前方地域部队空中安全。

发展变型炮

美国对 M163 式自行高射炮做了改进，发展成几种变型炮，即自动跟踪式"火神"、产品改进式"火神"和火控系统改进式"火神"高射炮等。其中，自动跟踪式"火神"高射炮主要改进了雷达。

多国装备

至 20 世纪 80 年代初期，美军共装备了 379 辆 M163 式自行高射炮。此外，以色列、韩国、摩洛哥、苏丹、突尼斯、也门、厄瓜多尔、泰国和菲律宾等国家也装备了该炮，至今仍在一些国家中继续服役。

note 知识小笔记

武器小档案

类　　型	自行高射炮
生产国	美国
炮　　长	1.18 米
口　　径	20 毫米
战斗全重	12.31 吨
装甲厚度	12~38 毫米
有效射程	1 650 米
理论射速	3 000 发 / 分
携弹量	2 100 发
乘　　员	4 名

高射炮的分类

高射炮的分类标准不同，根据武器构造的不同，可分为自动高射炮和半自动高射炮；根据机动方式的不同，可分为牵引式高射炮和自行式高射炮；根据口径的不同，则可以分为小口径、中口径和大口径高射炮。

火炮

"坦克杀手"——88毫米高射炮

德 国的88毫米高射炮称得上是二战时期最著名、最具有传奇色彩的火炮。虽然它是一种非常成功的中口径高射炮，但它最为人们津津乐道的却是无与伦比的反坦克能力。战争中，除了德国之外，88毫米系列高射炮还被多个国家使用。

✈ 超级坦克杀手 ▷▷▷

88毫米高射炮首次亮相是在西班牙内战期间。在那里，由于它具有很高的炮口速度和有效的重弹发射能力，因此88毫米高射炮被证明不仅是出色的高射炮，也是理想的坦克杀手。当时在北非战场，由于能够在超过1000米的距离击碎盟军的坦克，它以快射速和高准确率向人们证明，它不仅是出色的高射炮，也是令人畏惧的"坦克杀手"。

88毫米系列高射炮唯一的缺点是它的高度和重量，这使得它在战斗中的生存更多的是依赖它的火力和射程而不是良好的隐蔽性。

✈ 最长的手臂 ▷▷▷

在第二次世界大战的战场上，德军在准备迎接英国的一次进攻前，德国名将隆美尔对他的军官说："沙漠作战可以形象地比喻成海上作战。谁拥有最大射程的武器，谁就有最长的手臂。我们现在就有这种最长的手臂——88毫米高射炮。"

✈ 隆美尔的王牌 ▶▶▶

1940 年 5 月，隆美尔指挥的第七坦克师从比利时境内向敦刻尔克高速挺进途中，遭遇到一支英军的反击。关键时刻，一个高炮连的 88 毫米高射炮眨眼间击毁了英军 9 辆坦克，迫使英军后撤。从此，88 毫米高射炮成为隆美尔一张得心应手的反坦克王牌。

note 知识小笔记

武器小档案

类　型	自行高射炮
生产厂商	德国克虏伯公司
口　径	88 毫米
战斗全重	5.5 吨
射　高	7 925 米
射　速	15~25 发 / 分
乘　员	9 名

✈ 不可思议的威力 ▶▶▶

一位曾与 88 毫米高射炮交过手的英军坦克指挥官闷闷不乐地说："它看上去并不怎么样，但就是没有什么东西能够对付它。"而另一位被俘英军军官则愤怒地说："这不公平，竟然用防空大炮来对付坦克！"

火炮

"钢雨" ——M270式火箭炮

"钢雨" M270式多管火箭炮是当今世界上最先进的火箭炮之一，也是美国陆军现役最先进的多管自行火箭炮。它由美国陆军牵头，美、英、法、德、意多国参与研制，于1981年研制成功，现已作为制式武器装备北约部队。

✈ 自动化 >>>

M270式火箭炮由发射车、发射箱、火控系统和供弹车4部分组成。它的发射箱无须进行日常维护保养，可使用10年之久。遥控发射装置可以使炮手在离火炮很远的位置上发射。车载火控系统与定位系统相结合，大大提高了M270的独立作战能力。

note 知识小笔记

武器小档案

类　　型：	多管火箭炮
生 产 国：	美国
战斗全重：	22.8 吨
越野速度：	48 千米／小时
最大行程：	483 千米
最大爬坡度：	30°
越壕宽：	2.54 米
乘　　员：	3 名

✈ 应运而生 ▸▸▸

20 世纪 70 年代以前，自行火箭炮一般配置在后方作为"全职支援武器"，对装甲化的要求不高。20 世纪 80 年代初，很多国家认识到，自行火箭炮在常规战争中发挥着不可替代的作用。因此，出现了新型 M270 自行火箭炮。

✈ 无情"钢雨" ▸▸▸

M270 式多管火箭炮具有射程远、威力大、反应速度快和自动化程度高等特点。在海湾战争中，共有 201 门 M270 式火箭炮投入使用，它能将 1 平方千米内的生命完全摧毁。因此，战场上有"不怕战斧怕钢雨"之说。

✈ "天女散花" ▸▸▸

M270 火箭炮的威力几乎全集中在子弹上。M270 发射 M26 弹时，一次可以打出 7726 枚炮弹，像"天女散花"一样撒落到 6 个足球场大小的面积上，那里顿时化为一片火海。

火箭弹靠自身发动机的燃烧提供动力飞行，射程较远。

火炮

"逊陶罗"——8×8 轮式反坦克炮

"逊陶罗"8×8 轮式自行反坦克炮是意大利陆军 20 世纪 90 年代战车装备计划中的车型，由意大利自行研制和生产。它主要装备装甲部队和机械化部队，目的是提高部队快速部署能力和战略机动能力。

结构布局

"逊陶罗"的车体和炮塔均为装甲钢焊接结构，可防 12.7 毫米枪弹攻击。炮塔由奥托·梅拉拉公司进行组装和试验，安装在车体顶端靠后的部位。车长的位置在炮塔内左侧，右侧是炮长的位置，炮长后面是装填手的位置。

数字化

"逊陶罗"采用了先进的火控系统。数字式弹道计算机进行所有与火控有关的计算，并且控制和管理光学瞄准镜、激光测距仪及各传感器和内部检测设备。同时，还可以使系统在出现错误时，从一般状态转到后备状态。

✈ 与众不同的轮胎 ▶▶▶

"逊陶罗"的轮胎与其他火炮不同，具有泄气保用性能，并配备有中央轮胎充放气系统。当其中4个轮胎遭到破坏后，其余4个轮胎仍能保证车辆的正常运行。

✈ "乐天"号 ▶▶▶

1916年，第一批坦克投入战场后，在各国军队中引起极大的震动，他们纷纷研究自己的坦克和各种反坦克武器。不久，法国就制造出了世界上第一种反坦克炮，命名为"乐天"号。

note 知识小笔记

武器小档案

类　　型：	自行高射炮
生产厂商：	意大利伊维科·菲亚特公司
车　　宽：	3.050米
车　　高：	2.710米
战斗全重：	25吨
最大公路行驶速度：	105千米/小时
最大行程：	800千米
乘　　员：	4名

火炮

长寿武器——M61A1 航炮

航炮是指安装在军用飞机上的20毫米以上口径的机关炮。"火神"M61A1航炮是美国通用动力公司为美国空军研制的一种机载航炮，它是在理查德·加特林发明的转管炮技术的基础上研制而成的，具有射速高、可靠性好的特点。

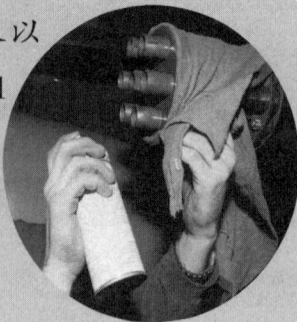

✈ 航炮分类 ▷▷▷

　　航炮是航空机关炮的简称，主要用于空战、对地攻击。它刚一出现，就很快成为主要的机载武器，并在第二次世界大战中发挥了重要作用。航炮按照结构分为：单管式、转膛式和多管旋转式。简单来说，单管式结构原理近似于自动步枪；转膛式结构原理近似于左轮手枪；多管旋转式结构原理近似于加特林机枪。

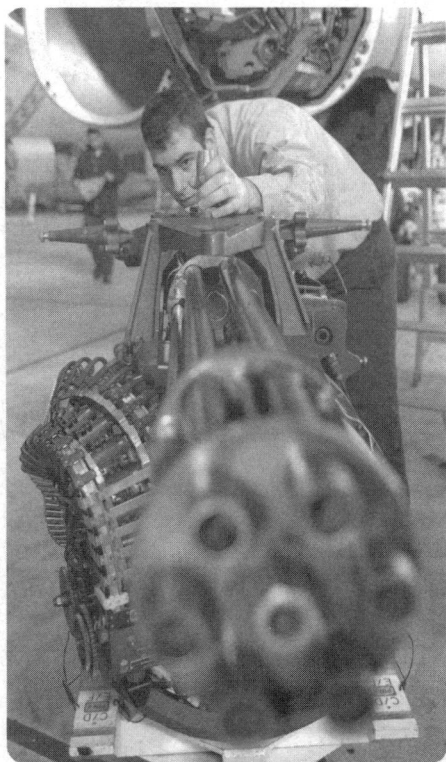

✈ 致命的速度 ▸▸▸

M61A1 航炮一般使用弹链供弹，虽然经过长时间的发展后极为可靠，但是在每分钟 6000 发的高射速下，弹链成了最脆弱的一环。弹链在高速拉扯下，连接处很容易变形、弯折甚至断裂，造成航炮卡壳。

知识小笔记

武器小档案

类　　型：航炮
生产厂商：美国通用动力公司
炮　　长：1.875 米
口　　径：20 毫米
重　　量：120 千克
炮口初速：1 036 米/秒
射　　速：6 000 发/分

➤ 厉害的武器 ▸▸▸

在第二次世界大战中，航炮发挥了重要作用。一位飞行员驾驶着装载有航炮的飞机，击落战机 352 架，这个数字足以让我们感受到航炮的厉害。

✈ 长寿的航炮 ▸▸▸

M61A1 航炮在炮管旋转的同时，每根炮管都处于不同的发射阶段，整门炮的射速是 6 个炮管射速的总和。因此，在相同射击次数下，M61A1 的身管寿命是单管炮的 6 倍。

火
炮

临危受命——MK45 型 127 毫米舰炮

舰炮是安装在海军舰艇上的火炮，主要用于射击海上、岸上和空中目标。MK45 型 127 毫米舰炮是美国海军大、中型水面舰艇的标准装备。在 40 多年的服役期间，它经历了多次技术改进。

✈ 挑战导弹 ▶▶▶

20 世纪 50 年代，由于导弹威力大、命中精度高、作战距离远而成为世界主要的舰载武器。相比之下，舰炮因在作战中暴露出诸多不足而遭受冷落。在这样的背景下，美国开始在 MK42 型舰炮的基础上研制 MK45 型舰炮。

扬长避短

因为 MK42 型舰炮存在笨重、自动化程度低、可靠性低等缺点，所以在设计 MK45 型舰炮时，重点是减轻重量、提高可靠性、易于维修、减少操作人员。

研制成功的 MK45 型舰炮重量仅有 22.5 吨，操作人员减少到 6 名，简化了结构。

note 知识小笔记

武器小档案

类　　型	舰炮
生 产 国	美国
炮　　重	22 吨
口　　径	127 毫米
初　　速	807 米/秒
弹 丸 重	31.75 千克
射　　程	23 千米（对海）
	15 千米（对空）
乘　　员	6 名

Mode4 型舰炮

MK415 最新型号 Mod4 型舰炮炮管长度从原来的 54 倍加长至 62 倍，部分结构改由更坚固的材料制造。为减小雷达反射面积，炮塔进行了隐身设计，整个炮塔外形棱角分明，隐身性能有较大改善。

现代舰炮

现代舰炮基本都具有高射和平射两种战斗性能，而且大多都配备了雷达、指挥仪等先进设备，使舰炮朝着轻型自动化、高射速以及大威力和远射程的方向发展。

火炮

坦 克

坦克在炮声隆隆的战场上口吐火舌、横冲直撞、左冲右突的场面留给我们的印象非常深刻。它在第一次世界大战中初露锋芒，第二次世界大战中称雄战场。这种集火力、机动、防护力于一身的现代化兵器，在战争中获得了"陆战之王"的美称。

坦克的鼻祖——"马克"I型坦克

"马克"I型坦克是人类历史上第一种投入实战的坦克。"马克"的出现，改变了血肉横飞的战争模式，将第一次世界大战中传统的阵地壕沟战变成了无聊的游戏，也将人类彻底带入了一个机械化战争的时代。

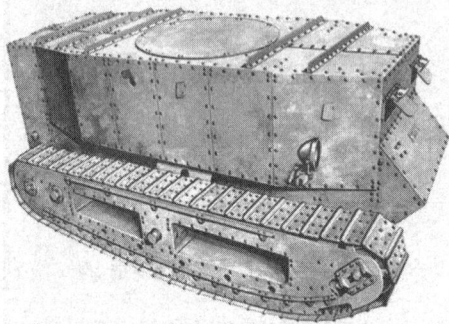

记者的发明

第一次世界大战期间，英军新闻记者斯温顿目睹了英法联军被德军严密火力大量杀伤的惨状。于是，他设想在拖拉机上安装钢甲和枪炮，使之成为能够跨越堑壕、不怕枪弹的进攻型战斗车辆。这个创意迎来了"马克"I型坦克的问世。

名字起源

"马克"I型坦克研制的最后阶段，斯温顿说服了陆军部与海军部共同进行研制。当时为了保密，战车零部件的箱子上都写着"TANK"（意为"冰柜"，音译"坦克"），后来"坦克"的名字沿用至今。

✈ 拖拉机变坦克 ≫≫

　　早期的坦克就是在美国产的"布劳克"拖拉机上加装一对加长的拖拉机履带，把锅炉钢板钉在角铁架上，做成一个长方形的箱子，然后把箱子安装在拖拉机上，这样就做成了坦克。

✈ 索姆河大显神威 ≫≫

　　在 1916 年的索姆河战役中，英军的 32 辆"马克"I 型坦克以每小时 6000 米的速度向铁丝、堑壕密布的德军阵地开进，并向因恐慌而四散逃命的德军士兵喷吐着火舌，很快就突破了德军防线。

✈ 大师手笔 ≫≫

　　世界上第一辆比较像坦克的战车，出自意大利文艺复兴时期著名的画家达·芬奇之手。他在古罗马的一种塔式战车基础上改良出龟形"坦克"。

达·芬奇
的龟形"坦克"

note 知识小笔记

武器小档案

类　　型	坦克
生 产 国	英国
车　　长	9.91 米
车　　宽	4.19 米
车　　高	2.44 米
车　　重	28.45 吨
装甲厚度	60~120 毫米
乘　　员	8 名

坦克

"雷诺" ——FT-17 轻型坦克

法国是继英国之后世界上第二个研制坦克的国家。1917年9月，法国研制的首批坦克开出了厂门，并正式定名为"雷诺"FT-17轻型坦克。这种坦克成为坦克发展史上一个重要的里程碑，确立了坦克的基本形态，为坦克的顺利发展开辟了道路。

✈ 第一种旋转炮塔 ⟫⟫⟫

"雷诺"FT-17是由法国路易·雷诺于1917年发明的，它是世界上第一种与现代坦克相似，并具有360°可旋转炮塔和弹性悬挂装置的坦克。同时，它也是当时世界上性能最好的坦克。

✈ 协同作战 ⟫⟫⟫

"雷诺"FT-17参加的第一次战斗是1918年5月31日的雷斯森林防御战。这次战斗中，法军出动了21辆"雷诺"坦克，用作支援步兵作战，取得了很好的战绩。

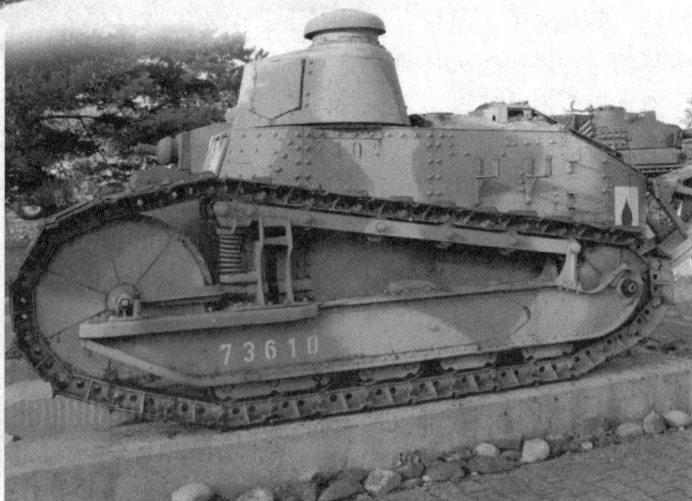

武器小档案

知识小笔记

武器小档案

类　　型：轻型坦克
生产厂商：法国雷诺公司
车重：6.5 吨
最大速度：8 千米/小时
最大行程：35 千米
武　　器：8 毫米机枪或 37 毫米短身管炮
乘　　员：2 名

全球瞩目

"雷诺"FT-17 后来被 20 多个国家购买，至第一次世界大战结束时，共生产了 3187 辆，成为当时世界上装备数量与装备国家最多的坦克。我国也曾引进一批"雷诺"坦克，并在抗日战争中使用。

旋转式炮塔

"雷诺"FT-17 坦克之所以如此受青睐，主要是因为它采用了旋转式炮塔。旋转式炮塔使坦克的作战威力大增，并成为以后坦克设计的标准。甚至有人认为，如果没有旋转式炮塔，坦克很可能早被淘汰出兵器大家族了。

坦克

二战中最好的坦克——T-34坦克

第 二次世界大战期间，总体设计最优秀的T-34坦克，拥有出色的防弹外形、强大的火力和无与伦比的可靠性。它也是苏联唯一可以有效对抗德国装甲兵的坦克。

✈ 重要角色 ⫸

T-34在坦克发展史上占有重要的地位，为现代坦克的设计思想打下了基础。第二次世界大战中，各型T-34生产总量超过50000辆，远远超过德国坦克的总和。

✈ 库尔斯克战役 ⫸

1943年，在苏德战争中，苏军为打败德军大规模进攻，在库尔斯克实施了一次防御战役。虽然苏军的T-34坦克在火力和装甲防御能力上比德国的"虎"1和"黑豹"稍弱，但苏军的坦克兵从德军的后侧发起攻击，最终取得了战役的胜利。

T-34 危机

T-34/76 于 1941 年 6 月 22 日在白俄罗斯格罗德诺首次参战，在此后一系列战斗中，德军竟找不到可以与之抗衡的坦克，被迫推出更新型的坦克以应付局面，这就是"T-34 危机"。

绝笔之作

T-34 坦克是苏联著名设计师科什金呕心沥血的杰作。科什金因患肺炎病逝，最终没能看到绝笔之作的精彩表现，他的助手莫罗佐夫接替了他的工作，于 1940 年 6 月完成了 T-34 坦克的设计图纸，随即投入大批量生产。

知识小笔记

武器小档案

类　　型：重型坦克
生产厂商：苏联哈尔科夫共产国际工厂
车　　宽：2.92 米
车　　高：2.39 米
战斗全重：32 吨
最大速度：55 千米 / 小时
装甲厚度：18~60 毫米
通过垂直墙高：0.73 米
越　壕　宽：2.49 米
乘　　员：5 名

小个子的炮塔

T-34 坦克的炮塔低矮，减少了坦克被对手发现和被击中的概率，提高了生存能力。但这种造型的炮塔同样也限制了火炮和机枪的射击角度，无法近距离命中目标。

坦克

"世界坦克" —— "谢尔曼" M4 坦克

美国的 M4 中型坦克是第二次世界大战中后期的著名坦克，也是当时生产数量最多的坦克之一，总生产量达 49234 辆。它在第二次世界大战后期的坦克战中，发挥了极大的作用，因而占有重要的历史地位。

"两兄弟"

美国于 1940 年开始进行新型坦克的研制工作。军方要求将 75 毫米火炮装在旋转炮塔上，1941 年定型并命名为"谢尔曼"M4 中型坦克。M4 坦克与 M3 坦克几乎同时开始研制，被称为"两兄弟"。

75 毫米火炮，可以发射穿甲弹、榴弹和烟幕弹。

综合性能强

M4 与 M3 有许多相似之处，它们最大的区别在炮塔上。M3 坦克火炮装在炮座内，而 M4 坦克的火炮装在旋转炮塔上，不仅可以提高火力的灵活性，而且有利于提高坦克的防护性能。因此，M4 坦克的综合性能远远高于 M3 坦克。

note 知识小笔记

武器小档案

类　　型	中型坦克
生产厂商	美国汽车公司
车　　长	7.54 米
车　　宽	3 米
车　　高	2.97 米
战斗全重	31.55 吨
最大速度	42 千米/小时
最大行程	160 千米
装甲厚度	15~100 毫米
乘　　员	5 名

✈ 庞大的家族 〉〉〉

M4 坦克的型号非常多，仅美国官方公布的 M4 系列改进型车、变型车、实验型车就不少于 50 种，构成了庞大的"谢尔曼"家族。

✈ 遍布全球 〉〉〉

第二次世界大战后，许多从美军退役的 M4 坦克成为一些中、小国家军队的主力坦克，"谢尔曼"遍及世界各地。直到今天，它仍在某些国家发挥着作用。

坦克

钢铁之美——"霞飞"M24 轻型坦克

把 一个钢铁猛兽的名字翻译为"霞飞"的确有点不可思议，但它的确是美国著名轻型坦克 M24 的中文译名。M24 轻型坦克于 1943 年 3 月开始生产，截至 1945 年 6 月，共生产了 4070 辆。

轻型坦克中的佼佼者

M24 的火力和装甲防护能力超过了第二次世界大战中的所有轻型坦克，它的火炮威力几乎与"谢尔曼"中型坦克相当，比 1939 年的多数中型坦克的火力都强。同时，M24 的车体和炮塔外形也有很大改进，从而增强了防护能力。

经历朝鲜战争

朝鲜战争爆发后，M24 坦克被大量调往朝鲜，作为美军部队初期的主要地面突击力量。1950 年 12 月，中国人民志愿军在抗美援朝战争中曾缴获 M24 坦克。

M6 型 75 毫米火炮

多国装备

M24 坦克于 1944 年开始装备美国陆军，曾参加过莱茵河战役。第二次世界大战后，除美军外，奥地利、法国、希腊、伊朗、伊拉克、日本、菲律宾、西班牙、巴基斯坦等国也都装备过 M24 轻型坦克。

M24 变型车

M24 主要的不足之处是装甲薄弱，因此有许多 M24 坦克在战场上被摧毁。为了适应现代战争，很多装备 M24 坦克的国家对其做了重大改进，还出现了一些变型车，如 M37 自行榴弹炮、M41 自行榴弹炮和 M19 型双管自行高射炮等。

坦克

"艾布拉姆斯"——M1 主战坦克

"艾布拉姆斯"M1 主战坦克是美国现役武器中最高性能的主战坦克，设计于 20 世纪 70 年代，是美军为了与数量庞大的苏联坦克相抗衡而研制的，可以说是典型的冷战时期的产物。

M1A1 坦克内部炮手的位置

✈ 特种装甲 >>>

M1 主战坦克的特种装甲给人们留下了非常深刻的印象。它是由钢和其他材料组成的"三明治"式结构，可以抵御具有强大穿透力的破甲弹。

✈ 先进武器装置 ⟫⟫⟫

M1 坦克比以前的 M60 系列坦克的行驶速度更快。它不像早期的坦克那样用装甲铸造法制造装甲外壳，而是用扁平的装甲部件焊接而成。此外，它还装有先进的火控系统和防原子、防化学、防生物武器装置。

✈ "保姆"车队 ⟫⟫⟫

M1 是世界现役坦克中唯一采用车载燃气轮机作为主发动机的坦克。在海湾战争中，M1 坦克群后面常跟随着长长的加油车队，以防止坦克燃料耗尽。M1 坦克发动机的性能良好，只是采用车载燃气轮机，相应的费用比较高。

note 知识小笔记

武器小档案

生产厂商：美国克莱斯勒公司
车　　长：9.83 米
车　　宽：3.66 米
车　　高：2.44 米
战斗全重：57.1 吨
最大速度：68 千米 / 小时
爬坡度：60°
通过垂直墙高：1.24 米
越　壕　宽：3.7 米
乘　　员：4 名

✈ 贫铀装甲 ⟫⟫⟫

美国于 1987 年研制出贫铀装甲并装到了新型 M1A1 主战坦克上。这种新装甲的密度是钢装甲的 2.6 倍，经过处理后，强度可提高到原来的 5 倍，提高了坦克的防护能力。

坦克

长身"怪兽"——T-80主战坦克

俄罗斯T-80主战坦克于1976年定型并服役，至1987年中期约有2200辆装备部队。该坦克装有激光测距仪和弹道计算机等先进的火控部件。T-80M1989是T-80的变型车，它不再采用燃气轮机而是采用柴油机。

✈ 不断进步 ▶▶▶

　　T-80坦克初期车型由于采用过多新技术，造成可靠性能差，尤其是耗油巨大的燃气轮机，据说寿命只有500小时。1978年推出的T-80B，已经解决多数问题，性能趋于稳定，成为苏联20世纪80年代的装甲主力。

全方位防护

T-80 车体由钢板焊接而成，重要部位安装有陶瓷复合装甲。T-80 仍采用苏联传统的铸造炮塔，炮塔前部装有反应式装甲，可对付顶部攻击武器。此外，T-80 配备了集体防护装置，具有良好的三防能力。

激光报警装置

T-80 坦克安装着激光报警装置，可以根据敌军的激光测距仪、激光指示器或激光精确制导装置发出的激光做出反应，并迅速发出报警信号。在指挥型 T-80 坦克的炮塔顶上还装有激光指示器。

知识小笔记

武器小档案

类型：主战坦克
生产厂商：苏联鄂木克斯厂
车长：7.4 米
车宽：3.4 米
车高：2.2 米
战斗全重：45 吨
最大速度：70 千米／小时
最大行程：450 千米
爬坡度：60°
乘员：3 名

长长的身体

T-80 坦克安装有一台燃气轮机，它是苏联第一种采用燃气轮机的主战坦克。因为燃气轮机的体积和耗油量比较大，所以 T-80 的车体要比其他坦克长。

坦克

陆地"乌贼"——T-90坦克

俄罗斯T-90坦克是一种新型主战坦克，堪称俄罗斯陆军最先进的陆战装甲装备。它是典型的组合式坦克，采用T-72坦克的炮塔，T-80的底盘，只有整个火控系统是独立研制的，并安装了主动防御系统。

T-90坦克下水

▶ 名字由来 ▶▶▶

T-90主战坦克在研制初期也是T-72的一种改进型，但由于使用了T-80的先进技术，且综合性能有相当大的提高，因此被重新命名为T-90。

▶ "烟幕弹" ▶▶▶

T-90坦克的炮塔顶端装有特殊的激光报警装置，一旦发觉坦克被激光束照射，就会引导发射榴弹，3秒钟之内便会产生可以持续20秒的悬浮烟幕，就好像乌贼遇到危险时放的"烟雾弹"一样，使敌方的导弹失去攻击目标。

告别"孤黑症"

俄罗斯早期的坦克有害怕夜战的弱点，T-90坦克改进了这一缺点。它的车身和炮管上都装有可以搜索、发现和指示目标的仪器，夜间的最大有效视距可达3700米。因此，T-90在夜间也可以发挥正常的战斗水平。

改进和提高

T-90坦克自从1994年开始小批量生产并装备俄罗斯陆军起，就在不断改进和提高。目前，它至少已有两种变型车，即T-90E和T-90C，估计未来还会有新的改进型出现。

知识小笔记

武器小档案

类型：主战坦克
生产国：俄罗斯
车长：9.53米
车宽：3.78米
车高：2.23米
战斗全重：44.5吨
最大速度：60千米/小时
最大行程：550千米
爬坡度：30°
越壕宽：2.8米
涉水深：1.2米
乘员：3名

坦克

火力之最——"豹"2坦克

豹 是一种猛兽，反应敏捷，奔跑速度快，捕杀能力强。德国"豹"2式坦克不仅坐拥其名，更兼具其实。它凭借优异的性能、良好的可靠性，从1998年以来，一直占据各种《世界坦克排行榜》首位，是世界现役主战坦克中综合性能最优秀的一种。

➡ 火力之最 ➤➤➤

"豹"2坦克使用的火炮是一门120毫米的滑膛炮，这种炮一出现就成为坦克炮中的经典之作。后来，人们对该炮进行了改进。"豹"2A6坦克安装了最新型120毫米炮，在常温下可以轻松穿透900毫米的钢甲，创下了现役坦克的火力之最。

🚀 夜间作战 ⟫⟫⟫

为了提高坦克的夜间作战能力，20 世纪 70 年代以后的坦克普遍采用了微光夜视仪和微光电视等。"豹" 2 坦克首先装载了热像仪，所以在黑暗中或雾中同样能发现敌人并进行攻击。

✈ 人性化设计 ⟫⟫⟫

"豹" 2 坦克是西方最早使用复合装甲的主战坦克之一。该坦克的设计把乘员的生命安全放在 20 项要求的首位。最新型的 "豹" 2A6 坦克由于安装了楔形复合装甲，所以在防御性能方面十分占优势。

note 知识小笔记

武器小档案

类型: 主战坦克

生产厂商: 德国克劳斯·玛菲公司

车长: 9.61 米

车宽: 3.42 米

车高: 2.48 米

战斗全重: 62.5 吨

最大速度: 72 千米/小时

最大行程: 550 千米

乘员: 4 名

🚀 重整旗鼓 ⟫⟫⟫

"豹" 2A5 是 "豹" 2 坦克的改进型，最初是为英国陆军 "挑战者" 坦克的替代计划研制的，但却败给了新型 "挑战者" 2 坦克。不过，"豹" 2A5 坦克并没有气馁，它经过改进后在瑞典新型坦克竞争中赢得了胜利。

坦克

高度智能化——90式坦克

日本90式坦克是该国研制的第三代主战坦克，于1990年定型，故命名为90式坦克。它是日本第一种完全安装了稳定自动装弹机的坦克，拥有优秀的火控系统。

✈ 吸取精华 》》》

90式坦克应用了很多现代化的顶尖技术，在火控和车辆电子系统方面，它甚至比法国"勒克莱尔"、德国"豹"2A5和美国M1A2还要先进。

✈ 日本"豹"与德国"豹" 》》》

日本90式坦克与德国的"豹"2坦克有很多相似的地方。除外形之外，它的主炮与"豹"2相同，都是RH120式120毫米加农炮。90式坦克与"豹"2不同的是，有一部自动装弹机。

自动装填装置

采用自动装填机是日本90式坦克的一大特色，可以节省人力，使乘员减少至3名。这种自动装填系统由日本三菱重工研发，采用带装弹舱设计，利用链带来带动或选取弹舱内的炮弹。

神奇的火控系统

90式坦克的火控系统高度智能化，不但具备自动目标跟踪能力，而且还有目标识别、排序以及将威胁按优先顺序排列的神奇功能，所以90式坦克具有准确的首发命中率。

note 知识小笔记

武器小档案

类　　型：	主战坦克
生产厂商：	日本三菱重工
车　　长：	9.55米
车　　宽：	3.43米
车　　高：	3.05米
战斗全重：	52吨
最大速度：	70千米/小时
最大行程：	300千米
乘　　员：	3名

坦克

军用飞机

军用飞机是各个国家空军作战的主要兵器，它的生产和发展水平也是衡量一个国家空军实力强弱的标准。现代军用飞机分为战斗机、侦察机、预警机、轰炸机、直升机、运输机、电子战机、空中加油机等几种类型。

"间谍幽灵"——U-2侦察机

美国于20世纪50年代研制成功的U-2,是一种专用远程高空侦察机,被称作"间谍幽灵",它是当时世界上最先进的空中侦察机。U-2的全身被涂成黑色,可以飞行在2万米以上的高空。

✈ 臭鼬般的进攻方式 >>>

U-2飞机是由美国洛克希德·马丁飞机制造公司下属的"臭鼬"工厂研制的。它在高空执行任务时,如果遇到导弹攻击,就会释放电子干扰信号,使导弹偏离方向。这种进攻方式的确和臭鼬十分相似。

note 知识小笔记

武器小档案

类 型:高空侦察机
生产厂商:美国洛克希德·马丁公司
机 长:19.2米
机 高:4.88米
翼 展:24.38米
机身重量:7.03吨
最大速度:692千米/小时
最大巡航高度:27 430米
最大航程:4 830千米

✈ 高空中的无奈 ▶▶▶

U-2 飞机飞得如此之高，以至于在空气稀薄的高空，发动机常常会因为缺氧而熄火。为了让飞机重新发动，飞行员不得不把飞机降到可以给发动机提供足够氧气的高度。

✈ 不负使命 ▶▶▶

1962 年 8 月，美国当局获悉苏联可能在古巴建立了地对空导弹阵地，中央情报局立即派出 U-2 进行核实。最终，U-2 不负使命，在古巴西部侦察到了苏联正在修建的核导弹基地。

U-2 "间谍幽灵" 侦察机驾驶员座舱

✈ U-2 的绝技 ▶▶▶

作为一种间谍飞机，U-2 有两个绝技：一是飞得高，不仅超过世界上任何一种战斗机的飞行高度，甚至超过了一般地空导弹的射程；二是谍报本领强，它不仅可进行照相侦察，还可以进行电子侦察。

如今，由于卫星技术的发展，U-2 飞机已经难有用武之地，大部分已被转到美国太空总署，从事民用方面的研究。

军用飞机

"铆钉" ——RC-135 侦察机

"**铆**钉"是美国空军最先进的战略电子侦察机之一，它被视为21世纪最重要的侦察工具。RC-135自问世以来已经有多种改进型，分别用于信号情报、电子情报和弹道导弹情报的侦察。

RC-135 的标志

✈ 远程侦察 》》

RC-135擅长在目标国沿海地区实施侦察行动。它在执行侦察任务时最大的优势就是无须进入敌国领空或者过于贴近敌国领空活动，可以在公共空域进行侦察活动。

✈ 谍影显现 》》

1996年3月，我国在台湾海峡进行军事演习期间，美国空军的1架RC-135S侦察机，从美国奥福特基地起飞到达我国东海上空，专程来执行搜集我国导弹发射演习情况的任务。

✈ 雷达系统 ⟫⟫⟫

RC-135 机上有 27 名电子侦察操作人员分别负责雷达、通信和照相侦察三大系统。其中，雷达侦察系统可以收集预警、制导和引导雷达的频率等技术参数，并进行定位。世界上各种雷达参数都在其测量范围内，测量精度非常高。

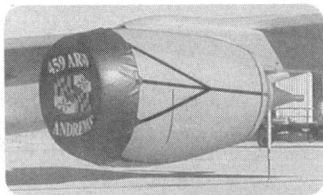

RC-135 的发动机

✈ "侦察是我的生活，危险是我的业务" ⟫⟫⟫

RC-135 属美空中战斗司令部下属的第 55 侦察机联队，该联队驻扎在美国的奥福特空军基地。因此，RC-135 飞机机尾都有 OF 字样。该机的标徽除有表示 RC-135 侦察机的图案外，还写有这样一句话："侦察是我的生活，危险是我的业务。"

✈ 千里眼 ⟫⟫⟫

RC-135 上装有红外探测器和前视雷达，探测距离达 238~370 千米，可在 360 千米内分辨出 3.7 米长的物体。

note 知识小笔记

武器小档案

类型：战略电子侦察机
生产厂商：美国波音公司
机长：46.6 米
机高：12.95 米
翼展：44.4 米
最大起飞重量：135.45 吨
最大速度：807 千米 / 小时
巡航速度：960 千米 / 小时
最大航程：120 000 千米

军用飞机

"捕食者"——RQ-1无人机

无人机是利用无线电遥控设备和自备程序控制装置操纵的不载人飞机。RQ-1"捕食者"无人机是美空军重要的远程中高度监视无人机。它最初用来执行侦察任务，可持续航行24小时以上。

地面控制站

实时传送影像

RQ-1装有合成孔径雷达、电视摄影机和前视红外装置，获得的各种侦察影像，可以通过卫星通信系统实时地向前线指挥官或后方指挥部门传送。

遥控起飞

"捕食者"无人机可以在粗略准备的地面上起飞升空，起飞过程由遥控飞行员进行视距内控制。典型的起降距离为667米左右。

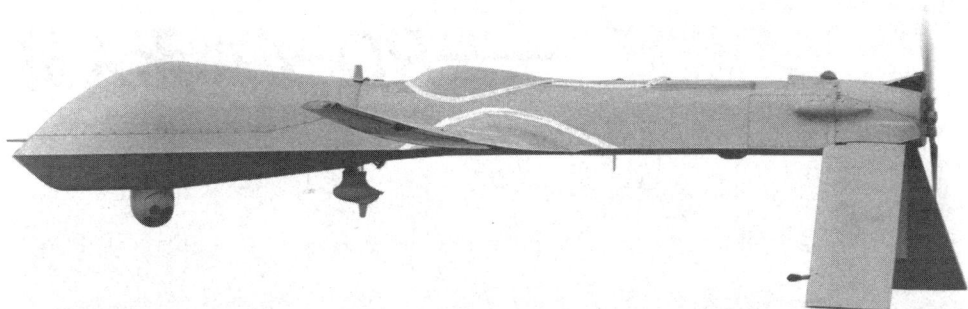

✈ 完美战绩 ▶▶▶

阿富汗战争开始之后，美国为每架"捕食者"无人机加装了两枚海尔法导弹，这使它在发现地面目标后可直接发动攻击，从而大大增强了威力。"捕食者"在执行的数十次对地攻击中，成功率达100％。

机组人员给RQ-1"捕食者"无人机加燃料

✈ 善变的精灵 ▶▶▶

无人机具有体积小、造价低、操作简便、战场生存能力较强等优点，所以非常受世界各国军队的欢迎。在现代战争中，众多功能各异的"无人机"就像善变的精灵一样飞行在无边无际的天空。

✈ 致命的缺点 ▶▶▶

RQ-1也存在一些致命的缺点，例如体积比较大，被发现的概率高；操作复杂，非常依赖地面控制等。据不完全统计，从1995年美军首次使用RQ-1至今，已有10架坠毁或被击落。

军用飞机

"全球鹰" ——RQ-4A 无人机

"**全**球鹰"是名扬世界的高空长航时无人侦察机，也是全世界最先进的无人机。它的飞行控制系统采用了 GPS 全球定位系统和惯性导航系统，可以自动完成从起飞到着陆的整个过程。

✈ 技术先进 >>>

"全球鹰"无人机的控制系统十分先进。操作时，只要把飞行路径信息数据输入机上计算机，它就能自主飞行，并在 GPS 定位系统的帮助下准确到达目的地。此外，"全球鹰"还装置了先进的电子侦察系统。

note 知识小笔记

武器小档案

类　　型：	无人侦察机
生产厂商：	美国诺斯罗普·格鲁曼公司
机　　长：	13.5 米
机　　高：	4.62 米
翼　　展：	35.5 米
空　　重：	27 240 千克
最大起飞重量：	11 622 千克
最大飞行速度：	740 千米 / 小时
巡航速度：	20 千米 / 时
最大航程：	25 945 千米

✈ 摔出来的"全球鹰" >>>

"全球鹰"研制计划于 1994 年启动，首架原型机在 1998 年完成首次飞行。它刚问世那几年情况非常不好，坠毁事件接二连三，一直与灾难相伴。当时美国共造出 7 架原型机，其中有 4 架因各种原因坠毁。

✈ 越洋创举 ▶▶▶

"全球鹰"在 2001 年完成了从美国到澳大利亚的越洋飞行创举。在这之前，即便是有人驾驶的飞机，也只有少数几架能跨越太平洋。

✈ 最昂贵的无人机 ▶▶▶

"全球鹰"是美军最昂贵的无人机。原预计它的单价为 1530 万美元，但后来因为不断增加成本，并且使用了先进的感测器系统，导致单价猛升到 3700 万美元，涨幅惊人。

✈ 技高一筹 ▶▶▶

"全球鹰"在 2001 年 4 月进行的飞行试验中，飞到了 19850 米的高度，打破了喷气动力无人机持续航行 31.5 小时的飞行记录。那项记录曾被保持了 26 年之久。

军用飞机

"鱼鹰"——V-22 直升机

倾斜旋转翼直升机 V-22 "鱼鹰" 既具有固定翼飞机持续航程远的特点，又具备直升机操控灵活、升降方便等优点。"鱼鹰"的诞生是飞机发展史上的又一座里程碑。

✈ 空中杂技 ▶▶▶

"鱼鹰"的机翼两端各安装了一部旋转式短舱，并配有大功率的涡轮发动机。当旋转短舱垂直向上时，它便可像直升机一样垂直起飞。当达到一定飞行高度和速度后，旋转式短舱向前转动到 90° 水平位置，它便可像普通固定翼螺旋桨飞机一样向前飞行。

note 知识小笔记

武器小档案

类型：旋转翼直升机
生产厂商：美国波音公司
机长：17.33 米
机宽：5.28 米
最大速度：584 千米/小时
巡航速度：510 千米/小时
最大载重：4 536 千克
最大升限：9 144 千米
最大悬停高度：914 米

✈ 冒险游戏 ▶▶▶

20 世纪中期，全球掀起了一股研制倾斜旋翼机的热潮。最初，许多航空专家对研制这种飞机寄予厚望，但后来因为这种飞机的结构复杂，试飞时机毁人亡的事故接连发生，所以许多国家都放弃了研制。

MV-22

MV-22 是 V-22 系列的第一种变型机，在海军陆战队服役。它的主翼能以主翼轴心为圆心做大范围的折叠。MV-22 可以承载 3 名机组人员和 24 名全副武装的海军陆战队员或同等重量的货物。

对簿公堂

2000 年 12 月 11 日，一架 MV-22 在卡罗来纳州北部训练时坠毁，机上 4 人全部遇难。2002 年 4 月，一位遇难机组人员的妻子以"产品质量不合格并造成不合理危险"为由提起法律诉讼，要求飞机制造商承担赔偿责任。

MV-22 的驾驶员座舱

军用飞机

"阿帕奇"——AH-64直升机

"阿帕奇"战斗直升机是美国陆军航空兵的主力装备，也是世界上最先进的现役武装直升机。它是美国第二代专用武装直升机，也是美国最早具有昼夜作战能力的武装直升机。

名副其实

阿帕奇是印第安传说中的一位勇士，他骁勇善战。给AH-64起名"阿帕奇"，希望它能成为战场上的空中霸主。

挖"眼"行动

海湾战争期间，伊拉克用于探测入侵战斗机的两座雷达阵地对盟军的轰炸造成了很大麻烦。美军决定派"阿帕奇"去挖掉这两只"眼睛"。接到命令10秒钟后，"阿帕奇"向目标发起进攻，那两座雷达阵地不久便成为一片废墟。

制胜利器

　　"海尔法"重型反坦克导弹是"阿帕奇"直升机的制胜利器，主要用于远距离攻击坦克、装甲车辆和其他地面目标。"海尔法"导弹可以跟进攻击目标反射的激光，直到击中为止。

知识小笔记

武器小档案

类型：战斗直升机
生产厂商：美国麦道公司
机长：17.8 米
机宽：5.23 米
机高：4.7 米
旋翼直径：14.6 米
最大速度：365 千米 / 小时
巡航速度：293 千米 / 小时
实用升限：6 400 米
续航时间：3 小时

聪明的攻击者

　　"阿帕奇"的飞行速度很快，可以贴近地面低飞，并能充分利用地形或地面物体做掩护，用最快的速度接近敌方，然后发射炮弹、火箭弹或导弹。它进攻完毕后，会迅速隐蔽，使敌方的地面防空炮火很难击中。

军用飞机

"母鹿"——Mi-24 直升机

于 20世纪60年代末开始研制的 Mi-24 是苏联的第一种专用武装直升机，至今已有十几个型别，形成了庞大的"母鹿"机族。它于 1973 年正式装备部队，装备的国家包括阿富汗、越南、阿尔及利亚、安哥拉、古巴、印度等。

✈ 令专家们汗颜 ▶▶▶

Mi-24 刚研制成功时，直升机专家们并没对它抱很大的期望，这一点从它的命名可以看出。因为自然界中的母鹿并不善于进攻，遇敌只会以逃求生。然而，"母鹿"出色的战场表现却令为它命名的直升机专家们汗颜。

note 知识小笔记

武器小档案

类型：**武装直升机**

生产厂商：**莫斯科米里设计局**

机长：21.35 米

机高：3.97 米

空重：8 200 千克最大起飞

重量：12 000 千克

旋翼直径：17.3 米

最大速度：335 千米 / 小时

巡航速度：270 千米 / 小时

最大爬升率：12.5 米 / 秒

✈ 宝贵经验 》》》

"母鹿"在阿富汗战场上，曾以损失 333 架次的惨重代价换来了宝贵的直升机山地作战经验。这些经验不仅使它在之后的作战中减少了损失，而且也推动和引导了它的改进。

✈ 不甘落后 》》》

美军武装直升机"阿帕奇"在海湾战争的表现给"母鹿"带来了很大压力，迫使俄军加快了改进升级"母鹿"的步伐。改进型 Mi-24PM 和 Mi-24VM 具有很强的夜间观察和搜索能力、可靠的全昼夜作战能力，整体作战能力有很大提高。

军用飞机

"雷电"——A-10 攻击机

"雷电"的模样看起来并不像它的名字那么凶悍，但它是当今世界上最完美的攻击机之一。A-10是由美国研制的空中支援攻击机，主要用于攻击坦克群和战场上的活动目标及重要火力点。

知识小笔记

武器小档案

类　型:	攻击机
生产厂商:	美国费尔柴尔德公司
机　长:	16.26 米
机　高:	4.47 米
翼　展:	17.53 米
最大起飞重量:	22 680 千克
正常起飞重量:	20 032 千克
作战飞行速度:	713 千米 / 小时
巡航速度:	623 千米 / 时

✈ 穿着"防弹衣"

A-10 的驾驶舱周围有一圈 3.8 厘米厚的防弹装甲，把座舱完全保护起来，以抗击地面火力的攻击。此外，它的机身腹部有 5 厘米厚的钛合金装甲，23 毫米口径以下的地面火力根本无法击穿。

威力强大

A-10 首次出现在战场上就发挥了强大的威力。海湾战争中，曾有一个双机 A-10 编队在一天时间内摧毁了 23 辆伊拉克坦克。A-10 再次出现在实战战场是 2002 年 3 月，它被布置到阿富汗的美军前线基地。

坦克杀手

A-10 全身共有 11 个挂架，可挂炸弹、火箭弹、导弹等。它的机头下方装有 130 毫米的 7 管速射机炮，每分钟可发射 400 发炮弹。A-10 使用的炮弹具有特别强的穿甲能力。

"雷电" A-10 的弱点

A-10 与战斗机相比具有机动能力差、机体重量大、速度慢等弱点。因此，只有己方战斗机夺取了战场上空的制空权，才能确保 A-10 发挥强大的威力。

自相残杀

在一次战斗中，美国海军陆战队的一辆装甲车，被自己的 A-10 攻击机发射的"小牛"空地导弹击中，7 名海军陆战队队员阵亡。

军用飞机

"鹞"——AV-8B式战斗机

如果你看过美国电影《真实的谎言》，你一定会被电影里男主角驾驶着一架飞机从楼顶垂直起降的情景所感染。那架飞机就是"鹞"式战斗机，它是世界上第一种实用型固定翼垂直短距起降飞机。

✈ 曾经的"猎兔狗" ›››

"鹞"式战斗机在我国曾被叫作"猎兔狗"。据说，当时一位英国将军听了"猎兔狗"这个译名后，莫名其妙地说："英国的狗和其他国家的狗都是一样的，是飞不到天上去的。"

✈ 因祸得福 ›››

1983年6月，一架英国"鹞"式战斗机在进行海上训练时，无线电通信导航设备突然出现问题。飞行员急中生智，最后成功降落在海面一艘货船上。这次成功降落，使"鹞"式飞机成为许多国家军方关注的对象。

✈ 并不完美 ≫

"鹞"式飞机已经诞生了近 40 年。虽然它受到很多国家军队的青睐，但仍然存在一些缺点。它的耗油量大，起降、悬停都需要大量油料。需要装载的油料多，载弹量就少，因此对战斗力会造成影响。

✈ 英阿马岛之战中的"明星" ≫

在英阿马岛之战中，英军出动了数十架"鹞"式战斗机与阿根廷空军展开了大规模的空战。战斗结果显示：阿根廷军队损失的飞机中有 31 架是被"鹞"式战斗机击落的，而"鹞"式没有一架被阿方击落或击伤。

note 知识小笔记

武器小档案

类　　型	战斗机
生产厂商	英国宇航公司
机　　长	14.11 米
翼　　展	9.24 米
最大起飞重量	14 061 千克
最大外挂重量	4 173 千克
最大速度	1 224 千米/小时
最大航程	3 780 千米

军用飞机

"雄猫"——F-14 战斗机

"雄猫"战斗机是由美国研制的一种可变翼高速重型舰载战斗机，它是美国海军的主力舰载作战飞机，也是目前世界上最重的超载战斗机。F-14 在美国人心目中的地位非常高。

✈ 可变换角度的机翼 ⟫⟫⟫

F-14 战斗机的机翼可以变换角度。它的机翼分成两部分，一部分与机身相连，且固定不动。机翼外段能转动，并可变换后掠角度。

✈ 战绩平平 ⟫⟫⟫

F-14 与美国空军 F-15 相比，可谓战绩平平。不过，这并不是因为 F-14 的性能不佳，而是伊拉克人早已对它所用的雷达了如指掌，只要美国海军的 F-14 机群一到，所有的伊拉克战机便会马上撤离。

note 知识小笔记

武器小档案

类型：战斗机
生产厂商：美国格鲁曼公司
机长：18.89 米
机高：4.88 米
翼展：11.45~19.55 米
空重：18 191 千克
最大起飞重量：33 724 千克
最大外挂重量：6 577 千克
最大平飞速度：2 864 千米/小时
巡航速度：741~1 019 千米/小时

反串角色

海湾战争中，F-14一直扮演着空中掩护的角色。1991年2月6日，F-14用"响尾蛇"导弹击落了一架Mi-8直升机，这是F-14在这次战争中唯一的空战胜利。

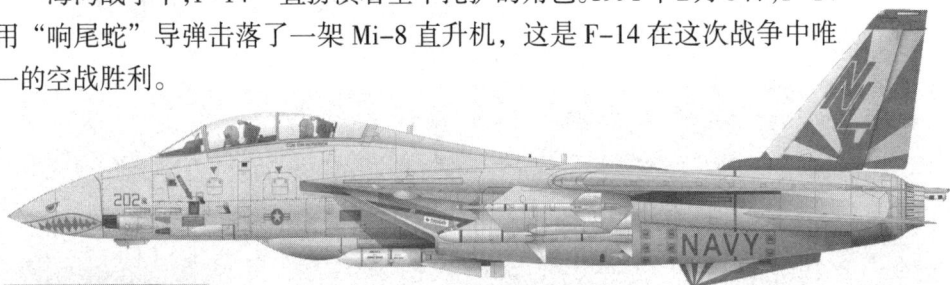

速战速决

1981年8月19日，在地中海南部海域上空，两架F-14遭遇两架苏-22战机。最终，F-14"后发制人"，将两架苏-22打得凌空爆炸。这场空战仅用了1分钟左右的时间。

"雄猫"的魅力

《壮志凌云》是美国人心中的经典美式大片。据说，片中在美妙乐曲中翻滚的战斗机，当时在美国青年中掀起了一股军事热，美国在那年创下了第二次世界大战后海军入伍报名的最高纪录。那架魅力四射的战斗机就是F-14"雄猫"战斗机。

军用飞机

"战隼" ——F-16 战斗机

"战隼"最初是美国通用动力公司为美空军研制的轻型战斗机，主要用于空战，是美国空军的主力机种之一。1991年之后，美国空军对战机的需求量下降，通用公司将F-16的生产线卖给了洛克希德·马丁公司。

✈ 横空出世 ▶▶▶

为解决F-15给美国军方造成的经费压力，美军想研制一种性能比F-15要求低、价格便宜的轻型多用途战斗机，与其组成高低搭配。于是，F-16横空出世，成为美军的"低档配置"。

note 知识小笔记

武器小档案

类型：战斗机

生产厂商：美国通用动力公司洛克希德·马丁公司

机长：15.09米

机高：5.09米

翼展：9.45米

最大起飞重量：16 057千克

✈ 腹部进气道 ▶▶▶

F-16采用腹部进气道，飞机大仰角飞行或侧滑时，气流稳定，且不会吸入机炮发射时的烟雾。

✈ 明星风范 ▷▷▷

F-16 的外形据说是从 50 多种设计方案中挑选出来的，非常漂亮，颇有明星风范，美军"雷鸟"表演队曾选用 F-16 作为表演专用机。

✈ 首次实战 ▷▷▷

1981 年 6 月 7 日，以色列的 8 架 F-16 战斗机在 6 架 F-15 战斗机的护航下，悄悄地向伊拉克巴格达附近的原子能中心飞去，之后，几十枚炸弹在原子能中心附近爆炸。这是 F-16 诞生以来第一次投入实战。

✈ 座舱里的秘密 ▷▷▷

F-16A、F-16C 的座舱是单人空调座舱，为了开阔驾驶员的视界，采用了气泡式座舱盖。F-16B、F-16D 安装了串列式双座舱，两个座舱内装有全套操纵装置、显示装置、仪表、电子设备及救生系统，可供训练和作战使用。

军用飞机

"大黄蜂"——F/A-18 战斗机

由于 F-18 舰载战斗机与 A-1 舰载攻击机是在同一原型机的基础上发展起来的，即一机两型，而且机体完全一样，只是在武器装备上有差别，所以统称 F/A-18，代号都叫"大黄蜂"。

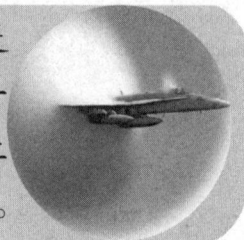

F/A-18"大黄蜂"突破音障

✈ 屡经战火 ▶▶▶

"大黄蜂"自 1983 年 1 月开始服役就屡经战火考验。在海湾战争中，美军有 148 架"大黄蜂"参战，意大利国防军也出动了 20 多架"大黄蜂"，主要执行对地攻击任务。它在空战中曾击落伊拉克的米格飞机。

✈ F/A-18 家族 ▶▶▶

F/A-18 是单座、双发舰载战斗机，有 YF/A-18A/B、F/A-18A、RF-18A、F/A-18B、F/A-18C 和 F/A-18D 六种型别，共生产了 1137 架，其中 150 架是双座教练型，112 架是侦察型。

note 知识小笔记

武器小档案

类　型：	战斗机
生产厂商：	美国麦道公司诺斯洛普公司
机　长：	17.07 米
机　高：	4.66 米
翼　展：	11.43 米
最大平飞速度：	1910 千米/小时

夜鹰吊舱

由于 F/A-18 的机身内部空间已满，所以新的电子设备只能挂在机外。美军于 1993 年 1 月开始为 F/A-18 安装一种秘密电子舱，称作"夜鹰吊舱"。它无论白天还是夜间，都能正常进行工作，为飞行员精确地指示轰炸目标。

可靠性高

F/A-18 的可靠性能非常好，平均故障间隔时间是 F-14 的 4 倍。从 1978 年 11 月首次试飞至 1993 年 9 月 17 日，F/A-18 创下了总飞行时数 200 万小时的纪录。

引导攻击

F/A-18 的主要缺点是，在执行对地攻击任务时需要依靠其他飞机向自己准备攻击的目标发射激光，照射目标，从而引导自己发射的激光制导武器去攻击目标。这使"大黄蜂"在战斗中受到了很大限制。

军用飞机

"猛禽"——F-22 战斗机

标准的第四代战斗机 F-22 主要用于替换美国空军的 F-15 战斗机，在美国空军武器装备发展中占有最优先的地位。美空军于 2002 年正式将 F-22 改名为 F/A-22，确定其制空与对地攻击兼顾的双重任务。

✈ 灰色机身 ▸▸▸

F-22 的机身采用复合材料，整个机身都是灰色，这是一种隐身涂料，可以减小雷达反射的面积。此外，F-22 的机身下面看不见任何外挂武器，武器都装在机身里，使用时才打开武器舱门。

✈ 性能良好 ▸▸▸

F-22 的各项指标性能都优于 F-15 战斗机，这些性能指标上的优势使 F-22 具有更强的空中格斗能力。此外，F-22 的短距起降能力极佳，能在 500 米长的跑道上起降。

note 知识小笔记

武器小档案

类　　型：战斗机
生产厂商：美国洛克希德·马丁公司、波音公司
机　　长：18.93 米
机　　高：5 米
翼　　展：13.56 米
空　　重：13 636 千克
最大飞行速度：2 335 千米/小时

✈ 脚踏两只船 »»»

　　为了研制新一代的战斗机，美国的做法从来都是"脚踏两只船"，以洛克希德·马丁公司为首的几家公司负责研制 F-22；以诺斯罗普公司为首的另外几家公司负责研制 F-23。最终，F-22 凭借优良的性能在竞争中胜出。

F-22"猛禽"战斗机的驾驶员座舱里有很多高科技装置

✈ FB-22 »»»

　　正当舆论惊叹第四代战斗机即将称霸 21 世纪的天空时，美空军又传出消息：由 F-22 改装的战斗轰炸机 FB-22 即将问世。FB-22 是一种中型战斗轰炸机，继承了 F-22 在飞行高度和速度上的优势。

军用飞机

"侧卫"——苏-27战斗机

苏-27重型战斗机是近十年来最著名的战斗机，无论是在航展上展示优异性能，还是在实战中与对手一决高下，它都独领风骚。苏-27的诸多改进型，如苏-30、苏-34、苏-35、苏-37，都曾引起世界的轰动。

✈ 模拟对抗

美国于1995年派出两架F-15飞机飞往莫斯科郊区库宾卡空军基地与俄空军苏-27进行技（战）术对抗，结果苏-27以2∶0获胜。这是目前两型机唯一的一次模拟对抗，在实战中，两型机从未交战过。

知识小笔记

武器小档案

类　　型：战斗机
生产厂商：俄罗斯苏霍伊设计局
机　　长：21.935米
机　　高：5.932米
翼　　展：14.7米
空　　重：16 000千克
最大起飞重量：30 000千克
正常起飞重量：22 500千克
航　　程：3 680千米

✈ 出色的火控系统 ⟩⟩⟩

苏–27战斗机的火控系统使得飞行员在运用各种武器，尤其是近距格斗导弹方面得心应手。它的近距格斗能力超过了西方第三代战斗机，可与第四代战斗机F–22相媲美。

✈ "眼镜蛇机动" ⟩⟩⟩

"眼镜蛇机动"是由苏联试飞员普加乔夫驾驶苏–27首创的。在做这一动作时，飞机的姿态很像眼镜蛇，所以，人称它为"眼镜蛇机动"，也有人称其为"普加乔夫机动"。

✈ 空中格斗 ⟩⟩⟩

1987年，一架挪威的P–3B巡逻机沿着距离苏联海岸线90千米的航线自西向东飞行，苏军防空部队的一架苏–27战斗机升空进行监视。苏–27飞行员在对其警告无效的情况下，发起了进攻。P–3B的一台发动机很快停止了工作，只得拖着"病体"打道回府。

军用飞机

"幻影"——2000战斗机

"幻影"2000是20世纪80年代研制的多用途战斗机，1984年开始在法国空军服役。该机技术先进，是世界上为数不多的完全不"师承"苏美技术的战斗机之一。"幻影"2000目前是世界上最好、分布最广泛的战斗机之一。

"幻影"2000C　　"幻影"2000B　　"幻影"2000D　　"幻影"2000N　　"幻影"2000 -5

"幻影"Ⅲ

"幻影"战斗机有一个很大的家族，它的第一代成员"幻影"Ⅲ屡经战火的考验，中东战争和印巴战争的战场上，都出现过它的身影。在1982年的英阿马岛冲突中，"幻影"Ⅲ也披挂上阵。

"幻影"F.1

"幻影"家族的第二代是"幻影"F.1战斗机。这是一种全天候的战斗机，可以执行制空、截击、对地攻击等多种任务。"幻影"F.1是20世纪70年代研制的战斗机，除法军使用外，还向伊拉克等10多个国家出口。

✈ 多种改进型 ⟫

"幻影"2000 有多种改进型，其中"幻影"2000 C 是单座防空截击型；"幻影"2000 N 是双座对地攻击型，可携带核导弹执行核攻击任务；"幻影"2000 D 是双座攻击型。

✈ 最新改进型 ⟫

幻影 2000 家族的最新改进型是幻影 2000-5 型和幻影 2000-9 型，改进型包括采用先进的航空电子系统及由先进雷达和传感控制系统为核心的空对空、空对地攻击系统。

note 知识小笔记

武器小档案

类　　型	战斗机
生产厂商	法国达索航空公司
机　　长	14.3 米
机　　高	5.2 米
翼　　展	9.13 米
空　　重	7 500 千克
最大起飞重量	17 000 千克
最大航程	3 335 千米

✈ "幻影"2000-5 ⟫

"幻影"2000-5 是在"幻影"Ⅲ 的基础上改进而成的战斗轰炸机。它采用了先进的雷达，能一边扫描一边进行跟踪，并可同时发射 4 枚空对空导弹攻击不同目标。

军用飞机

"台风"——EF-2000 战斗机

"台风"战斗机是英、德、意及西班牙四国合作研制的新型战斗机。在此之前，由多个国家共同研制的飞机不多，像战斗机这样关系到国家安危的合作项目更是少之又少，因此说 EF-2000 开创了军事工业领域的一个新局面。

✈ 综合性能强 >>>

EF-2000 在机动性、敏捷性、近距格斗能力、超视距空战能力、短距起落和维护性能方面，均比以 F-15、F-14、米格-29 和苏-27 为代表的第二代战斗机有明显提高，甚至与 F-22 也相差不大。

✈ 武器装备 >>>

EF-2000 的机身右侧内装有一门 27 毫米的"毛瑟"机炮。它共有 13 个外挂点可以挂导弹，其中机身下 5 个，两侧机翼下各 4 个。

✈ 典型的多国制造 ▷▷▷

首架"台风"战斗机可以称得上是典型的"多国联合"，几乎每一个部件都来自不同的国家。最让人感到吃惊的是，"台风"战斗机的两个机翼竟然也由西班牙飞机制造公司和意大利阿莱尼亚公司"分摊"了！

✈ "鸭式"布局 ▷▷▷

EF-2000特意把水平尾翼移到飞机机翼之前，称为前翼。这种飞机看起来像一只展翅飞翔的鸭子，因此，人们将这种布局称为"鸭式"布局。俄罗斯的S-37"金雕"战斗机、法国的"阵风"等也采用了这种布局。

note 知识小笔记

武器小档案

类型：**战斗机**
生产厂商：**欧洲战斗机公司**
机长：**14.5米**
机高：**6.4米**
翼展：**10.5米**
最大起飞重量：**21 000千克**
最大速度：**2 450千米/小时**
最大平飞速度：**2 693千米/小时**

✈ 自产自销 ▷▷▷

EF-2000战斗机主要用于装备研制它的国家。英、德、意、西班牙四国共计划采购620架，其中英国采购232架，德国采购180架，意大利采购121架，西班牙采购87架。

军用飞机

完美无缺——"阵风"战斗机

"**阵**风"是法国空海军的下一代战斗机，于20世纪80年代初开始研制。它与欧洲战斗机"台风"和瑞典的JAS-39"鹰狮"并称为欧洲"三雄"。

✈地形跟随系统 >>>

"阵风"装有一套独特的地形跟随系统，在海面和陆地上都可以使用。一次试飞中，一位美国飞行员在"阵风"的后座上亲自参加了飞行，对该机的地形跟随系统大加赞赏，认为它"简直是完美无缺"。

note 知识小笔记

武器小档案

类　型：	战斗机
生产厂商：	法国达索航空公司
机　长：	15.3米
机　高：	5.3米
翼　展：	10.8米
空　重：	9 060千克
最大速度：	1 390千米/小时

问世缘于分歧

20世纪80年代初，法国也参加了由英、德、意和西班牙共同联合的"欧洲战斗机"计划启动工作。但法国与其他四个国家对下一代战斗机的设计看法有很大分歧，因此决定独自研究生产，于是开始研制"阵风"战斗机。

武器系统

"阵风"上共有14个挂点，其中5个用于加挂副油箱和重型武器，总外挂能力在9吨以上。"阵风"的主要空空导弹有"米卡"和"魔术"2。

马特拉"米卡"空空导弹

"阵风"的机载导弹"米卡"是法国玛特拉公司于1981年开始研制的一种先进的中距空对空导弹。它的机动性能非常好，同时，集先进的近距格斗导弹和中距拦截导弹的优异性能于一身，大大提高了作战的灵活性。

军用飞机

"鹰狮"——JAS-39 战斗机

"鹰狮"是单座全天候全高度战斗／攻击／侦察机，它是按"一机多用"的原则设计的，通过改变数字式机载设备和计算机程序，同一架飞机可以执行几种不同的任务。

瑞典军机的特色 >>>

瑞典在自行设计制造超音速战斗机初期就牢记一个思想：新式战斗机既能在公路跑道上起飞降落，也能以超高速对轰炸机进行截击，还能携带一定数量的武器完成对地攻击和照相侦察任务。

"一机多型"的新发展

瑞典的"一机多型"思想在 20 世纪 80 年代又有了新的发展。瑞典空军要求新一代战斗机采用可编程序数字计算机，在换型时只要更换计算机程序，就可以适应不同的武器外挂并执行不同的任务。

对舰攻击

瑞典与北冰洋、北海、波罗的海毗邻，冷战时期受到苏联很大的军事威胁，尤其是海空方面。为此，瑞典战斗机一直有较好的对舰攻击能力。JAS-39 继承了这一传统，装备了多种空对舰导弹。

note 知识小笔记

武器小档案

类　型：	战斗机
生产厂商：	瑞典萨伯公司
机　长：	14.1 米
机　高：	4.5 米
翼　展：	8.4 米
平飞速度：	1 470 千米/小时
最大飞行速度：	2 448 千米/小时

不足之处

JAS-39 最大的不足之处是不具备隐身能力。作为新一代战斗机，如果不具备这一性能，那么它在战场上的生存能力将大大降低。此外，它也不能进行超音速巡航。

军用飞机

"同温层堡垒"——B-52 轰炸机

"同温层堡垒"是美国空军重型战略轰炸机，于20世纪50年代末开始服役，目前只有最新的B-52H型仍在服役，可以说是标准的"老兵"。但经美军方的改进和升级，计划B-52将一直服役到2030年。

✈ 50 周年纪念 ▶▶▶

近几年，B-52的主要用途是携带大量的巡航导弹，在远离敌方防线的空域进行火力圈外攻击，有效弥补了其机动性上的缺陷。2002年是B-52服役50周年，波音公司和美国空军为它举行了隆重的纪念活动。

✈ "老兵"带来的震撼 ▷▷▷

海湾战争中，有 68 架 B–52G 投入对伊拉克部队的轰炸中，执行了 1624 次任务，投下炸弹 2.57 万吨。B–52 所投炸弹的巨大爆炸声，给伊拉克军队以极大的震撼，大大削弱了伊军的士气和战斗力。

✈ 地毯式轰炸 ▷▷▷

越南战争中，B–52 的地毯式轰炸给越南军队和老百姓造成了巨大损失。B–52 出动架次占各种作战飞机总架次的 1/10，却投下近一半的炸弹。

✈ 长途奔袭 ▷▷▷

海湾战争期间，B–52 机群从美国本土起飞，绕地球飞行近半周，共飞行 35 小时。有 35 枚导弹分别向伊拉克的 8 个重要目标飞去，包括发电厂、电力输送网、通信枢纽和预警中心。

note 知识小笔记

武器小档案

类　　型：	远程战略轰炸机
生产厂商：	美国波音公司
机　　长：	48.5 米
机　　高：	12.4 米
翼　　展：	56.4 米
最大起飞重量：	219600 千克

军用飞机

"海盗旗"——Tu-160 轰炸机

"海盗旗"是苏联最后一代、俄罗斯最新一代远程战略轰炸机。它于20世纪70年代初开始设计,1981年12月首次试飞,1985年服役,具有速度快、航程远、载弹量大等优点。

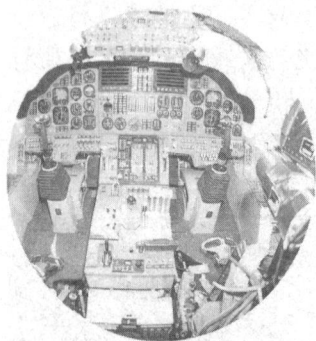

✈ 强大的武器系统 〉〉〉

Tu-160 的弹舱内可载自由落体武器、短距攻击导弹或巡航导弹等,机上有两个 12.8 米长的武器舱,武器舱内的旋转发射架可各带 6 枚巡航导弹。

Tu-160 驾驶员座舱

知识小笔记

武器小档案

类　　型	远程战略轰炸机
生产厂商	俄罗斯图波列夫设计局
机　　长	54.1 米
机　　高	13.1 米
翼　　展	35.6 米
机　　重	118 000 千克
最大起飞重量	275 000 千克
最大平飞速度	2 000 千米 / 小时
巡航速度	1102 千米 / 小时

✈ 抵偿债务 〉〉〉

苏联时期,大多数 Tu-160 布置在乌克兰境内。苏联解体后,乌克兰把放在其境内的 8 架 Tu-160 战略轰炸机及相关地面设施,还有 575 枚巡航导弹交给俄罗斯,用来抵偿欠俄罗斯的债务。

✈ 红色 B-1 》》》

"海盗旗"在结构上与同时期的美国 B-1 轰炸机非常相似，因此被称为红色 B-1。"海盗旗"比 B-1 大且重，作战方式与 B-1 类似，但是战斗力并不占优势，电子技术和隐身技术远比 B-1 差。

✈ 机毁人亡 》》》

2003 年 9 月 18 日，俄空军一架 Tu-160 的发动机在飞行时着火，情况危急，机组人员驾驶飞机迅速远离有 20000 人居住的村落和巨大的地下天然气储存设施，避免了一场严重灾难。随后，Tu-160 坠毁，机组人员全部丧生。

图波列夫

✈ 图波列夫设计局 》》》

熟悉苏制飞机的人对图波列夫这个名字一定不陌生，因为图波列夫设计局与米高扬设计局、苏霍伊设计局一样，也是享誉世界的著名设计局。它的专长是设计大型轰炸机和客机。

军用飞机

"望楼" ——E-3 预警机

"望楼"是当今世界最先进的空中预警机。它是一种全天候远程空中预警和控制飞机,有下视能力,能在各种地形的上空执行预警任务。一架E-3预警机可抵得上2~3个雷达团的作战能力。

E-3家族成员

E-3的主要型号有E-3A、E-3B、E-3C、E-3D四种。E-3A是美军的首批生产机型,机舱内可载乘员17名。E-3B是美军用最早两架E-3改进发展的,提高了目标处理能力和探测舰艇能力。E-3C和E-3D是给北大西洋公约组织及英国空军的型号,基本与E-3B相同。

厉害的"眼睛"

E-3的雷达监视范围达50万平方千米,比美国第二大州加利福尼亚州的总面积还要大很多。"望楼"身上装的雷达每10秒钟就能把它监视的范围扫描一遍,可以同时发现、跟踪600个目标。

E-3 监测系统

✈ "空中指挥部" 》》》

"望楼"就像一个"空中指挥部"，不仅可以指挥几百架飞机进行空战，还能监视地面坦克、战车的调动以及地面雷达、导弹的部署情况，使指挥员可以获得一切可能威胁到自己军队的信息。

✈ 特别之处 》》》

E-3 机背上的雷达天线罩是它在外观上与其他飞机相比最特别的地方。这个雷达罩内部安装有雷达天线系统，这一雷达系统可以使 E-3 具有对大气层、地面、水面的雷达监视能力。

note 知识小笔记

武器小档案

类　　型：	预警机
生产厂商：	美国波音公司
机　　长：	44 米
机　　高：	12.5 米
翼　　展：	39.7 米
最大起飞重量：	156150 千克
最大速度：	1 010 千米 / 小时
最大载弹量：	27 000 千克

军用飞机

"徘徊者"——EA-6B 电子干扰飞机

电子战飞机也称电子干扰飞机，主要任务是干扰敌方的雷达和通信系统。EA-6B "徘徊者"是美国研制的舰载电子战飞机。美军的 EF-111 "渡鸦"电子战飞机于 1995 年退役后，EA-6B 成为美国防部唯一的电子战飞机。

✈ 军中"老兵" ▶▶▶

EA-6B 于 1971 年 1 月首飞，共生产了 170 架，均于 1991 年前开始服役。按照计划，它将于 2010 年时开始退役，届时将终结 EA-6 系列在美国海军、陆战队、空军攻击部队中长达 40 年的服役历程。

✈ 任务艰巨 ▶▶▶

EA-6B 的主要任务是干扰和破坏敌方陆地、舰载和机载指挥控制通信以及与预警、目标捕获、监视、反飞机炮、空对地导弹、地对地导弹和地对空导弹有关的雷达。

主动出击

EA-6B 可以携带 5 个外挂电子干扰吊舱，其中 1 个在机腹下，4 个在机翼下。每个吊舱安装了 2 个干扰收发机。EA-6B 能根据任务组合携带吊舱、副油箱和反雷达导弹。一旦探测到雷达源，它可以发射导弹将其摧毁。

更新换代

EA-6B EXCAP 是第二代 EA-6B，其干扰能力增加了 10 倍；EA-6B ICAP-Ⅰ是第三代，重新安排座舱；EA-6B ICAP-Ⅱ是第四代，极大增强了干扰能力；EA-6B ICAP-Ⅲ是 EA-6B 的增强型。

意外造成的伤亡

1998 年，一架美军 EA-6B 电子战飞机在意大利一个滑雪度假胜地低空飞行时，割断了一条电缆车的缆索，造成 20 人死亡。

知识小笔记

武器小档案

类　型：	电子干扰飞机
生产厂商：	美国格鲁门公司
机　长：	18.24 米
机　高：	4.95 米
翼　展：	16.15 米
空　重：	14 321 千克
最大平飞速度：	982 千米/小时
最大着陆重量：	20638 千克

军用飞机

"星"——C-141运输机

<blockquote>
"**星**"运输机是世界上第一种完全为货运设计的喷气式飞机。它早在1965年就开始在美军服役，能够运送美军大多数重型装备，它还运送过美国国家航空航天局的"哈勃"天文望远镜。
</blockquote>

✈ 空中大力士 ⟫⟫⟫

C-141的货舱能轻松地装载长达31米的大型货物，还可一次运载208名全副武装的地面部队士兵，或168名携带全套装备的伞兵。C-141的机尾开有巨大的蚌式尾门，便于装卸大型货物。

美国KC-10"补充者"空中加油机给C-141"星"运输机进行空中加油

➤ 方便货运 ＞＞＞

C-141 的货舱设计非常方便货运。运送车辆、小型飞机等带有轮子的货物时，工作人员既可以使用平坦的货舱地板，也可以快速地更换成带有滚轴的地板。运送人员时，可以在舱壁和地板上加装临时座椅。

✈ 运送登月飞船 ＞＞＞

1969 年，美国"阿波罗"11 号飞船成功完成人类首次登月后，一架 C-141 运输机将从月球返回的宇航员及密封舱从夏威夷运回休斯敦。

✈ 功成身退 ＞＞＞

在美国空军服役的最后两架 C-141 于 2004 年退役。美国空军特意为它们举行了隆重的退役仪式，以此来纪念它们 39 年来的辉煌。

note 知识小笔记

武器小档案

类　　型：运输机
生产厂商：美国洛克希德·马丁公司
机　　长：51 米
机　　高：11.9 米
翼　　展：48.7 米
最大起飞重量：146 863 千克
最大载重量：31 239 千克
最大速度：804 千米／小时
最大航程：5 148 千米

军用飞机

"同温层油船"——KC-135空中加油机

可以为美国空军、海军、陆战队的各型战机进行空中加油的 KC-135，是在 C-135 军用运输机的基础上改进而成的一种大型空中加油机。它于 1956 年 8 月首次试飞，1957 年正式装备部队，代号"同温层油船"。

KC-135 的标志

✈ 改进型 ⟫⟫

为延长服役期限、提高战斗技术性能，美国空军改装了 300 余架 KC-135 空中加油机。KC-135 的改进型为 KC-135E 与 KC-135R。第一架改装的 KC-135 空中加油机于 1982 年试飞。

KC-135"同温层油船"空中加油机正在给 F-15"鹰"战斗机进行空中加油

note 知识小笔记

武器小档案

类　型	空中加油机
生产厂商	美国波音公司
机　长	41.5 米
机　高	12.7 米
翼　展	39.9 米
最大起飞重量	146 285 千克
最大运油量	90 719 千克
最大货运能力	37 648 千克
最大速度	982 千米 / 小时
最大航程	17 766 千米

✈ 工作表现出色 ⟫⟫

KC-135 不仅可以为各种性能不同的飞机加油，而且还可以同时给几架战斗机加油。当它仅用一个油箱加油时，每分钟可以加油 1820 升。前后油箱同时使用时，每分钟可以加油 3 640 升。

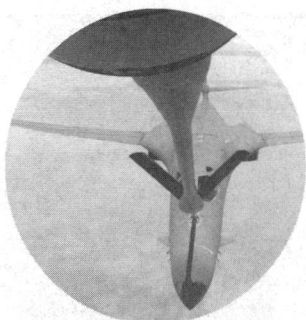
空中加油机的加油系统

✈ 航空史上的奇观 ▶▶▶

　　1967 年 5 月 31 日，一架 KC-135 正在空中为两架战斗机加油。突然，两架执行任务的 A-3 型加油机从远处飞来，请求 KC-135 为它们加油。于是，航空史上的奇观出现了：KC-135 加油机的油管接着两架 A-3 加油机，A-3 加油机的油管上又连接着两架歼击机，五架飞机以相同的航向、航速和高度像个整体一样前移。

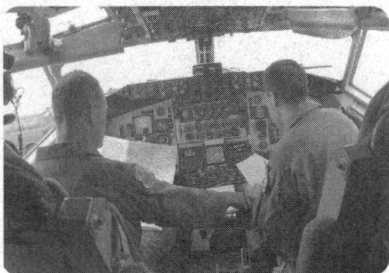
KC-135 的驾驶舱

✈ KC-10"补充者"空中加油机 ▶▶▶

　　KC-10 是 1977 年由 DC-10 运输机改装而成的空中加油机，加油能力优于 KC-135，可以同时给 3 架飞机实施空中加油。它的最大时速 980 千米，航程 7030 米，供油量 88 吨，全重 160 吨。

KC-10"补充者"空中加油机给 F-16"战隼"战斗机进行空中加油

军用飞机

舰　艇

　　舰艇是海军的主要装备，用于在海上进行战斗活动或勤务保障，广义上也包括其他军用船艇。它们是各国海军的骄傲。现代舰艇按排水量、火力和用途可以分为：航空母舰、驱逐舰、护卫舰、巡洋舰、核潜艇等几种类型。

封笔之作——"小鹰"级航空母舰

"小鹰"级是继"福莱斯特"级之后，美国建造的最后一级，也是最大一级常规动力航空母舰。共建造了4艘，包括"小鹰"号、"星座"号、"美国"号、"肯尼迪"号。

"小鹰"号标志

◆ 整体结构 ▶▶▶

"小鹰"级航母从底部起1~4层是燃料舱、淡水舱、武器弹药舱和轮机舱，5~6层是舰员居住舱、食品库、餐厅和行政办公室，7~8层是舰载机维修间、维修人员的居住舱，9~10层是机库、战斗值班室和飞行员餐厅。

三名军械人员正在搬运舰载机配置的高速反辐射导弹

舰艇

✈ 要求严格 ▶▶▶

美海军对航空母舰舰长和副舰长的要求非常严格，只有在舰上驾机起降过800~1200次、有4000~6000小时飞行记录，并担任过某些职务的人才有资格担任此项职位。

航母的导航系统

✈ 北部湾事件 ▶▶▶

美国在 1964 年以驱逐舰在越南北部湾公海遭到越南鱼雷艇的攻击为借口，出动 64 架战斗机袭击了越南的 4 个海军基地和 1 座油库。轰炸越南的战机正是从"小鹰"级航母"星座"号上起飞的。

✈ "小鹰"号 ▶▶▶

100 多年前，莱特兄弟实现了人类历史上第一次成功飞行，他们所设计的飞机"小鹰"号也成为人类发明的第一架飞机。"小鹰"号航空母舰就是用莱特兄弟的飞机命名的。

知识小笔记

武器小档案

类型：常规动力航空母舰
生产国：美国
舰长：323.6 米
舰宽：93.6 米
吃水：11.4 米
满载排水量：83 960 吨
最大舰速：32 节（1 节 =1.852 千米 / 小时）
舰员：5 480 人

舰艇

功勋卓越——"企业"级航空母舰

"企业"级是美国于 1959 年建成的第一艘核动力航空母舰，该级仅一艘。"企业"号一直是美国海军的骄傲，它开创了航空母舰发展的新纪元，对美国后来制定的航空母舰发展计划起到重要的推动作用。

"企业"号标志

史无前例的航行

美国海军为了测试核动力水面舰艇的持续航行能力，1964 年 8—10 月，"企业"号航空母舰与其他两艘舰艇一起进行了一次史无前例的环球远航训练。它们在 64 天中共航行了 60375 千米，没有进行任何补给。

沉痛的代价

1969 年，美海军"企业"号航母舰员不慎将舰上弹药引爆，致使舰上其他飞机上的弹药相继爆炸，导致 15 架飞机报废，147 人死伤。为此，"企业"号航母经过 3 个月的大修才恢复了作战能力。

"企业"号在大西洋训练航行期间，测试反化学武器的甲板清洗系统。

气象员手拿风速计在甲板上认真测量精确的风速

耗资巨大 ▶▶▶

"企业"号核动力航母的造价达 4.51 亿美元，约为"福莱斯特"级航母的 2 倍。由于造价高昂，美国国会只批准兴建一艘。

note 知识小笔记

武器小档案

类　　型:	**核动力航空母舰**
生　产　国:	**美国**
舰　　长:	**331.6米**
舰　　宽:	**40.5米**
吃　　水:	**11.9米**
满载排水量:	**93 970吨**
最大舰速:	**35节**
舰　　员:	**5695人**

荣耀的老"企业"号 ▶▶▶

"企业"号的舰名源于一艘同名航母，那艘同名航母被誉为"不沉的战舰"，是第二次世界大战时美国海军中战功最突出的一艘，也是同年代服役的航母中"寿命"最长的一艘。

舰艇

巨无霸——"尼米兹"级航空母舰

"尼米兹"级航空母舰是美国海军的第二代核动力航空母舰，其吨位最大、现代化程度最高、耗资最多，堪称水面舰艇之最。它超凡的作战能力令对手望尘莫及，是很多国家梦寐以求的舰艇。

CVN-68 标志

✈ 称霸工具

"尼米兹"级航母的主要任务是远洋作战、夺取制空和制海权、攻击敌方海上或陆上目标、支援登陆作战及反潜等任务。自问世以来，它一直是美国在全球称霸的工具。

note 知识小笔记

武器小档案

类　　型:	核动力航空母舰
生 产 国:	美国
舰　　长:	332.9 米
舰　　宽:	40.8 米
吃　　水:	11.3 米
满载排水量:	93 970 吨
最大舰速:	30 节
舰　　员:	5680 人

海上巨无霸

你能想象得出"尼米兹"级航母有多大吗？它的甲板面积比 3 个足球场还大，舰体高 70 多米，相当于 20 余层大厦的高度，是真正的"海上巨无霸"。

✈ 海军名将——尼米兹 ▸▸▸

尼米兹出生于美国得克萨斯州，曾是美国海军太平洋舰队司令、海军作战部部长、五星上将。为了表彰和纪念这位海军名将，美国政府将特大型核动力航空母舰命名为"尼米兹"号，并把10月5日定为"尼米兹日"。

尼米兹

✈ 钢铁巨兽 ▸▸▸

为了防御攻击，"尼米兹"号航母的舰体和甲板用高强度、高韧性的钢板建造，最厚部位的钢板达63.5毫米。舰内设有23道水密横舱壁和10道防火隔壁，消防防护措施完备。

✈ 生命力极强 ▸▸▸

"尼米兹"级航空母舰的船体结构和布置是航母的典型形式。箱形的船体结构能承受很大的载荷，并可吸收中弹时的爆破能量；船体内"X"形的支撑构件起着吸收、传递和扩散冲击能量的作用。

厨师正在为航母上的官兵们准备晚饭

舰艇

法国特色——"戴高乐"级航空母舰

"戴高乐"级航空母舰是法国设计制造的第一艘核动力航母，1999年开始服役。它的综合能力仅次于美国的"尼米兹"级航母，法国人认为它是法国海军在20世纪最伟大的成就。

既美观又实用

"戴高乐"级航母算得上是世界上最漂亮、最具现代气息的航母。它的舰体光洁流畅，继承了法国军舰一贯浪漫的艺术特质"戴高乐"级航母不仅外观好看，而且隐身措施也处理得很好。

"戴高乐"级航母甲板下还设有几类航空机修车间

偷懒的设计

"戴高乐"级航母的动力装置与其他核动力航母不同，没有专门研制核反应堆，直接安装了其他导弹核潜艇的反应堆。尽管这种偷懒的设计使它的航速比较慢，但却大大节省了设计的时间和费用。

✈ 问世背景 ▶▶▶

自20世纪60年代2艘"克莱蒙梭"级航母服役之后，法国再无航母服役。70年代，这2艘航母后续舰的问题提上了议事日程。经过激烈讨论，法国军方1980年9月制订了建造2艘"戴高乐"级核动力航母的计划。

📝 noto 知识小笔记

武 器 小 档 案

类　　型：	核动力航空母舰
生 产 国：	法国
舰　　长：	261.5米
舰　　宽：	64.4米
吃　　水：	9.43米
满载排水量：	40 600吨
最大舰速：	27节
舰　　员：	1 700人

✈ 造价高昂 ▶▶▶

法国原计划建造2艘"戴高乐"级航母，并于1996年服役，但迄今只有"戴高乐"号1艘入役，第2艘何时开工还没有确定。这主要是因为"戴高乐"级航母的造价高昂，对法国来说是个沉重的负担。

舰艇

当代先进——"提康德罗加"级巡洋舰

巡洋舰是目前仅次于航空母舰的大型水面舰艇。"提康德罗加"级是美国海军现役数量最多的巡洋舰，共 27 艘，被誉为"当代最先进的巡洋舰"，它具有划时代的战斗力和生命力。

"提康德罗加"级的标志

建造数量之最

"提康德罗加"级的首舰"提康德罗加"号于 1983 年 1 月正式服役，至 1994 年 7 月最后一艘"皇家港"号入役为止，该级 27 艘的建造计划全部完成。"提康德罗加"级成为世界海军史上建造数量最多的一级巡洋舰。

无敌盾牌

"宙斯盾"作战系统是"提康德罗加"级巡洋舰的无敌盾牌。这一先进系统可在开机后 18 秒内对 400 个目标进行搜索，跟踪其中的 100 个目标，并能指挥 12~16 枚导弹攻击对方。

早期建造的"提康德罗加"级导弹巡洋舰上装备的是第一代指挥控制中心（上左图），相比"阿利伯克"级导弹驱逐舰上的控制中心（上右图）要落后得多。

相控阵雷达

相控阵雷达是"宙斯盾"系统的"眼睛"。它与传统雷达不同，不需要机械转动，而是由4块平面天线阵组成。即使其中一个天线阵面瘫痪，搜索区也只是减少1/4，整个雷达系统仍可继续工作。

无心之过

"提康德罗加"级巡洋舰服役25年来，充当了两次"客机杀手"。1988年，"提康德罗加"级巡洋舰"文森斯"号因为雷达判断失误，将一架伊朗民航客机当作战斗机击落。

知识小笔记

武器小档案

类　　型	导弹巡洋舰
生 产 国	美国
舰　　长	172.8米
舰　　宽	16.8米
吃　　水	6.5米
满载排水量	9 590吨
最大舰速	30节
舰　　员	364人

舰艇

海上战神——"斯普鲁恩斯"级驱逐舰

"**斯**普鲁恩斯"级是美国海军在20世纪70—80年代陆续建成的一代大型导弹驱逐舰，曾是美国海军的主力驱逐舰。共建造了31艘，包括反潜型、防空型和现代型三种型别。

✈ 逐步完善 ▶▶▶

"斯普鲁恩斯"级原型舰以反潜为主。后来，美国海军为适应现代海战要求，对其进行了一系列改进，加装了先进的武器装备和垂直发射系统，使之成为反潜、反舰、对地和防空能力都很强的驱逐舰。

海上战神的使命 ▶▶▶

"斯普鲁恩斯"级导弹驱逐舰被誉为"海上战神"，它的主要任务是为航空母舰特混舰队和海上运输船队护航，在两栖作战中实施火力支援，对敌方水面舰艇和潜艇进行监视警戒，并实施海上封锁和攻击。

✈ 斯普鲁恩斯 ▶▶▶

斯普鲁恩斯1886年7月3日出生在美国马里兰州。第二次世界大战时期他曾任太平洋舰队总司令兼太平洋战区最高司令、海军军事学院院长和美国驻菲律宾大使，被尼米兹称为"海军上将中的上将"。

斯普鲁恩斯

✈ 模块化技术 ▶▶▶

"斯普鲁恩斯"级导弹驱逐舰是美国海军首次采用模块化技术建造的军舰，具有建造速度快、质量好、费用低等优点，也极大地方便了以后的改装工作。

✈ 稳定性与适航性强 ▶▶▶

"斯普鲁恩斯"级导弹驱逐舰具有非常好的稳定性和适航性，即使遇到很大的风速和一些恶劣的海上环境，仍然具有一定的航行能力。

📝 知识小笔记

武器小档案

类　　型：	导弹驱逐舰
生 产 国：	美国
舰　　长：	171.7米
舰　　宽：	16.8米
吃　　水：	8.8米
满载排水量：	8 040吨
最大舰速：	33节
舰　　员：	339人

舰艇

王牌战舰——"现代"级驱逐舰

20 世纪七八十年代是美国和苏联冷战的高峰期，著名的"现代"级导弹驱逐舰就诞生于这一时期。该级舰的主要任务是攻击敌航母编队和其他大中型水面舰艇，在两栖作战中实施火力支援、保卫海上交通线等。

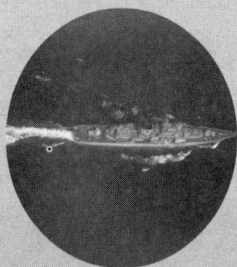

◆ 王牌战舰 ▶▶▶

　　"现代"级虽然和美国同类型的舰艇相比，在反舰能力方面占很大优势，但它的反潜和反防空能力比较差。不过，它至今仍是兵器排行榜中名居前列的王牌战舰。

✈ 隐身性强 ▶▶▶

　　隐身性是"现代"级驱逐舰的一大特色。为了减小雷达探测面积，舰体周围涂敷了一层雷达波吸收材料。此外，降低水下噪声的吸收涂层也在一定程度上抑制了红外线辐射强度。

✈ 奢华的居住环境 »»»

"现代"级驱逐舰上的居住环境甚至有点奢侈，不仅宽敞，而且配有空调和良好的通风系统，整体设计质量可以与豪华的美国舰艇相媲美。

noto 知识小笔记

武器小档案

类　　型:	导弹驱逐舰
生产国:	苏联
舰　　长:	156.5 米
舰　　宽:	17.3 米
吃　　水:	6.5 米
满载排水量:	7 940 吨
最大舰速:	32 节
舰　　员:	348 人

✈ 给人以安全感 »»»

"现代"级驱逐舰的舰体相对较宽，从外表看上去给人一种平稳、宽大的感觉。因此，军事观察家们分析认为，该舰"能在任何风浪的情况下出海征战"。

✈ 反舰之王 »»»

"现代"级驱逐舰最大的本领是对付水面舰艇。它装备有2座四联"白蛉"式超音速反舰导弹，可在海面进行超低空飞行，只要一枚命中就可以让一艘 8000 吨级的大型战舰沉没或彻底丧失战斗力。

舰艇

静音之王——"公爵"级护卫舰

"公爵"级导弹护卫舰是英国海军最先进的护卫舰，也是世界上静音效果最好的护卫舰。它是英国海军20世纪90年代末至21世纪初的主要水面作战舰艇，承担了英国海军的大部分外交和战斗任务。

力求隐身 >>>

"公爵"级护卫舰是世界上最早采用舰体隐身设计的护卫舰。为减小雷达波反射面积，它的舰体和上层建筑都有一定的倾斜。此外，还大量使用了雷达吸波材料。

144毫米舰炮

✈ 加强防空能力 ›››

为加强"公爵"级护卫舰的防空能力，该舰装备了威力强大的"海狼"防空导弹系统，并改装为具有 32 个发射单元的垂直发射装置，可以迅速攻击从任何方向袭来的目标。该舰是西方第一种装有垂直发射装置的军舰。

发射 AGM-84
"鱼叉"导弹

知识小笔记

武器小档案

类　　型：导弹护卫舰
生产国：英国
舰　　长：133 米
舰　　宽：16.1 米
吃　　水：5.5 米
满载排水量：4 200 吨
最大舰速：28 节

✈ 生存第一 ›››

"公爵"级护卫舰的设计者充分吸取了其他驱逐舰的失败教训，不惜投入大量资金，全部采用耐高温钢结构材料，加强了指挥室、弹药库等重要区域的防弹能力。

✈ 尽职尽责 ›››

如果要出色地完成反潜战斗任务，达到最佳的攻击效果，就必须降低所有机械部分产生的噪音。为此，"公爵"级护卫舰实施了很多降低噪音的措施，如快速运动时柴油机和燃气机一起使用等。

舰艇

水上雕塑——"拉斐特"级护卫舰

法国"拉斐特"级多用途隐身护卫舰综合使用了多种隐身技术，是军舰将隐身性能与造型艺术完美结合的典范。法国海军计划建造6艘，首舰"拉斐特"号于1995年7月正式开始服役。

✈ 水上雕塑 ▷▷▷

"拉斐特"级护卫舰上没有林立的烟囱和眼花缭乱的雷达天线，除了必须暴露的武器装备和电子设备外，舰上所有的设备一律采取隐蔽安装，外表光洁得就像一座水上雕塑。

"拉斐特"级隐身护卫舰甲板上没有任何突起物

DCN 型 100 毫米舰炮

F 710

✈ 加强防空能力 ▷▷▷

"拉斐特"级护卫舰最初被设计为一种多功能护卫舰，除具备一定的反潜和反舰能力外，更加突出了防空的能力。法国计划安装射程远、威力强大的垂直发射系统来进一步提高它的防空性能。

"拉斐特"级护卫舰的控制中心

迷失的直升机

实施了多项隐身技术的"拉斐特"级舰，其雷达反射截面积非常小，以至于当舰上的直升机升空执行任务准备归航时，用机上的雷达竟找不到母舰，这时就需要母舰故意增大雷达反射截面积。

"拉斐特"级护卫舰上可执行反潜和反舰作战的"黑豹"直升机，其重达9吨。

较强的隐身能力

"拉斐特"级护卫舰的隐身措施非常有特色。它的主舰体采用V字形，上层建筑呈倾斜10°的倒V字形，舰上暴露的各个部位大多由倾斜的多面体组成，几乎找不到一个垂直平面，还在一些重要部位涂敷了雷达吸波材料。

舰艇

两栖战舰——"黄蜂"级攻击舰

"黄蜂"级是目前世界上吨位最大的多用途两栖攻击舰，它集攻击舰、运输舰、船坞型登陆舰和医院船等功能于一身，可为登陆部队提供全面支持。首舰于1988年试航，1989年1月正式服役。

知识小笔记

武器小档案

类　　型	两栖攻击舰
生 产 国	美国
舰　　长	257.3米
舰　　宽	42.7米
吃　　水	8.3米
满载排水量	40 500吨
最大舰速	22节
舰　　员	1 080人

✈ 可与航母相媲美 >>>

"黄蜂"级两栖攻击舰从外形看上去特别像航空母舰，这个排水量超过4万吨的"大家伙"，不但设有可以比拟航母的超大机库，还装有美国航母的招牌武器——"海麻雀"舰空导弹和"密集阵"防空系统。

✈ "海上医院" ⟫

　　"黄蜂"级两栖攻击舰不仅是一艘军舰，而且还是一座大型的"海上医院"。该级舰医用设备齐全，有 600 张病床、4 个主手术室、2 个紧急手术室、4 个牙科诊所及药房、X 光室和血库。

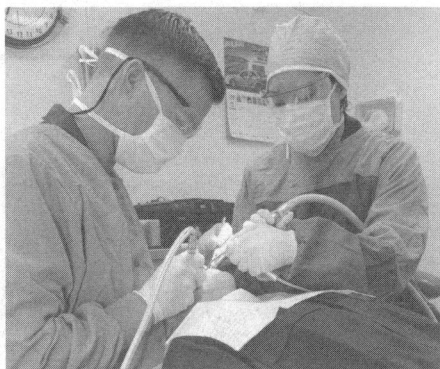
医生正在"黄蜂"级的手术室中进行牙科手术

✈ 不堪重负 ⟫

　　目前"黄蜂"级两栖攻击舰搭载有 12 架 CH46"海王"直升机和 6 架"鹞"式飞机。美国海军计划将来还要给它搭载同等数量武器，但这样的"重负"，会使它在某些环境下剧烈摇晃。

✈ 大块头的"指挥官" ⟫

　　由于"黄蜂"级舰增强了指挥、通信和控制能力，因此它可以作为两栖作战的指挥舰，对一场大规模的两栖攻击战进行指挥和控制。

舰艇

潜艇之王——"俄亥俄"级核潜艇

"**俄**亥俄"级战略核潜艇是美国的第四代弹道导弹核潜艇，具有隐蔽性好、生存能力强和攻击威力大等特点。它是迄今各国海军中最先进的战略核潜艇，被称为"当代潜艇之王"。

"俄亥俄"号的标志

✈ 距离不是问题 ≫≫≫

"俄亥俄"级战略核潜艇能连续在水下航行几个月不用上浮，它既可以悄悄地接近敌方的领海或近海海域，也可以在较远的海域进行巡逻。

"俄亥俄"级弹道导弹核潜艇发射三叉戟 I 型导弹

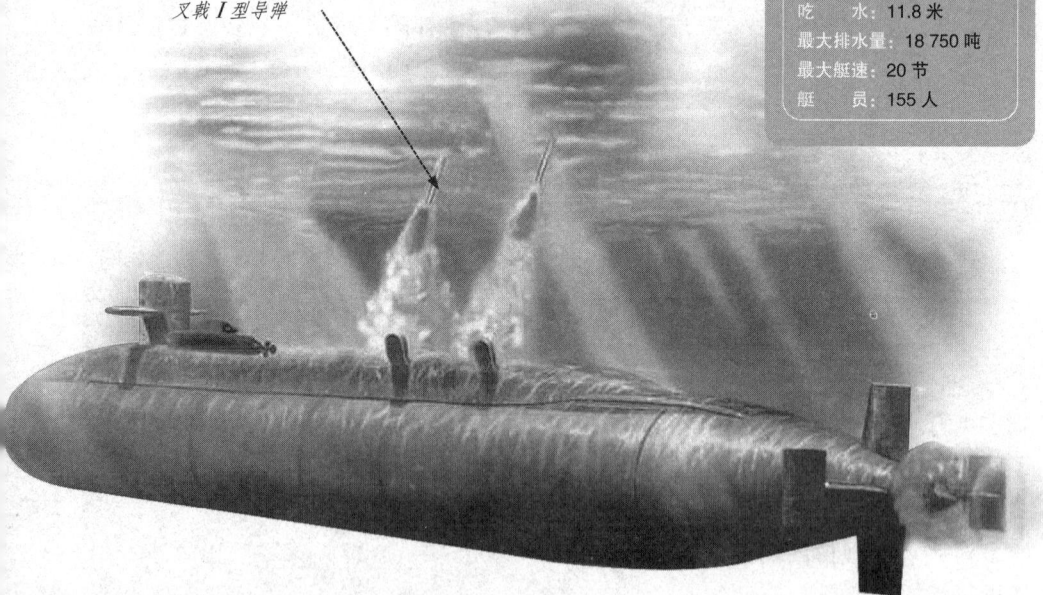

note 知识小笔记

武器小档案

类　　型：	战略核潜艇
生 产 国：	美国
艇　　长：	170.7 米
艇　　宽：	12.1 米
吃　　水：	11.8 米
最大排水量：	18 750 吨
最大艇速：	20 节
艇　　员：	155 人

一位军官正通过潜望远镜扫视，以确保不存在任何干扰潜艇浮出海面的障碍。

✈ 养精蓄锐 »»»

"俄亥俄"级的出航时间一般是70天，之后它只需返回基地保养25天便可再次出航。每一艘潜艇都有蓝组和金组两组船员，他们轮流当值，当一组出海巡航时，另一组便在陆上享受假期并为下一次出海做准备。

✈ 精简转型 »»»

苏联于1991年解体后，美国开始大幅度削减其战略核力量。"俄亥俄"级核潜艇不仅过于庞大且需要花费高额费用，于是4艘"俄亥俄"级核潜艇被削减改装为能发射154枚"战斧"导弹的巡航导弹核潜艇。

✈ 巅峰之作 »»»

"俄亥俄"级是世界上单艘装载弹道导弹数量最多的核潜艇。它可以携带24枚三叉戟 I 型或三叉戟 II 型导弹，射程达1.1万千米，其威力足以摧毁一座大城市。

舰艇

冰下霸王——"海狼"级核潜艇

"海狼"级核潜艇是20世纪70年代末美国为对抗苏联的低噪声核潜艇而研制的，具有航速快、噪声小、隐蔽性好、武器装备精良等优点，它也是世界上装备武器最多的一级多用途攻击型核潜艇。

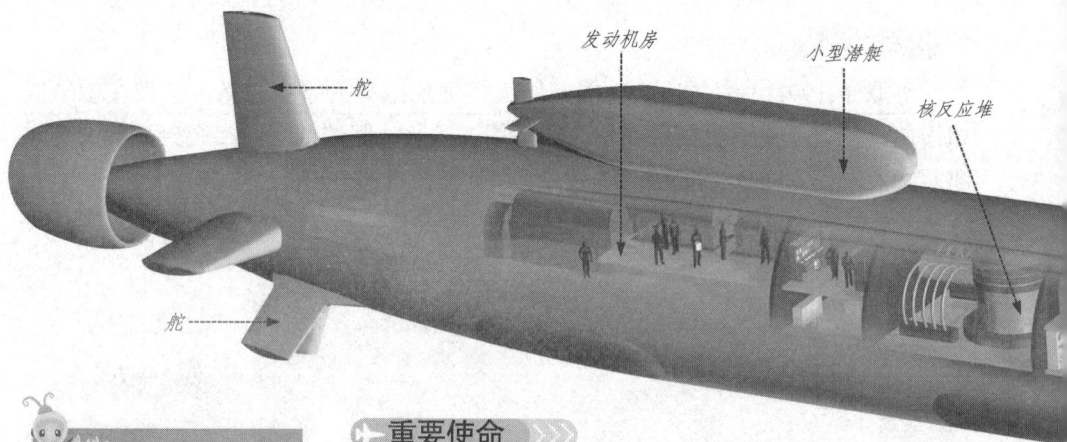

发动机房　　小型潜艇

舵　　核反应堆

舵

重要使命 >>>

"海狼"级的主要使命是反潜、反舰，为美国海上水面舰艇编队和弹道导弹核潜艇护航，向局部战争地区运送特种部队，攻击陆上的各种目标。

完美潜艇 >>>

已服役的"海狼"级潜艇在试航中的出色表现超出了美国海军的预料。它的安静性和攻击能力比现役美军主力攻击潜艇"洛杉矶"级有飞跃性提高，因此，被称为"迄今世界上最完美的潜艇"。

冰下霸王

"海狼"级核潜艇的结构非常适于冰下航行。它采用水滴形艇体，阻力较小，有利于提高航速。此外，"海狼"级还配有先进的电子设备，水下探测能力很强。

垂直发射筒

声呐装置

指挥系统

鱼雷

鱼雷发射筒

世界上最昂贵的潜艇

"海狼"级核动力攻击潜艇是世界上最昂贵的潜艇。1991年美国计划用336亿美元建造12艘，平均每艘28亿美元，但后来因价格昂贵，美国国会决定终止该计划，最终只批准建造3艘。

舰艇

新秀——"弗吉尼亚"级核潜艇

"**弗**吉尼亚"级核潜艇是美军研制的新一代潜艇，具有强大的反潜、反舰、远程侦察、执行特种作战能力。它与在深海大洋等待与敌方战舰决斗的"前辈"们相比，近海作战能力尤其突出。

"弗吉尼亚"号核潜艇在美国弗吉尼亚州的诺福克港举行服役庆典仪式

✈ "洛杉矶"级的替代者 »»

"弗吉尼亚"级体现了21世纪潜艇作战的新特点，具有用途广、隐形性好、作战能力强等优点，用来替换"洛杉矶"级攻击型核潜艇，成为目前美国海军近海作战的主要力量。

✈ 最安静的潜艇 »»

"弗吉尼亚"级潜艇不但拥有世界最先进的声呐系统，而且光纤传感器能将周边环境图像传送到指挥舱的电脑屏幕上。此外，它的噪音仅为当今潜艇标准的1/10，据称是"世界上最安静的潜艇"。

✈ 潜艇中的潜艇 ▶▶▶

"弗吉尼亚"级潜艇内的特种作战舱还可容纳一艘供特种部队使用的微型潜艇。在近海登陆作战中，小潜艇可以载着特种队员登陆作战。

知识小笔记

武器小档案

类　　型：	攻击型核潜艇
生 产 国：	美国
艇　　长：	113 米
最大排水量：	7 800 吨
水下艇速：	28 节
艇　　员：	134 人

✈ 新的作战任务 ▶▶▶

"弗吉尼亚"级核潜艇的作战任务与以往的快速攻击型核潜艇有明显不同，它更加注重打击近海的敌对目标，主要是在海岸与大陆架外缘之间的区域活动。它还装备了电子探测装置和发射巡航导弹的攻击系统。第一艘"弗吉尼亚"号于 1998 年开工建造，2004 年建成服役。

✈ 值得纪念的日子 ▶▶▶

2004 年 10 月 23 日，对于"弗吉尼亚"级和诺福克港来说是个值得纪念的日子。因为那天首艘最新型攻击核潜艇"弗吉尼亚"号正式服役，庆典仪式就在诺福克港举行。

舰艇